# 高科技筑梦新时代

## 飞上蓝天的“蛟龙”

施鹤群 

云南出版集团 晨光出版社

图书在版编目（CIP）数据

飞上蓝天的“蛟龙”/ 施鹤群编著. --昆明：晨光出版社，2020.3
（高科技筑梦新时代）
ISBN 978-7-5715-0260-7

Ⅰ.①飞… Ⅱ.①施… Ⅲ.①海洋学—少儿读物
Ⅳ.①P7-49
中国版本图书馆CIP数据核字（2019）第176033号

飞上蓝天的“蛟龙”
FEISHANG LANTIAN DE JIAOLONG

施鹤群 编著

出版人 吉彤

策划 吉彤 温翔
责任编辑 张萌 侯夏莹
装帧设计 周鑫 汪建军
责任校对 杨小彤
责任印制 郁梅红 廖颖坤

出版发行 云南出版集团 晨光出版社
地址 昆明市环城西路609号新闻出版大楼
邮编 650034
电话 0871-64186745（发行部）
0871-64178927（互联网营销部）
法律顾问 云南上首律师事务所 杜晓秋

排版 云南安书文化传播有限公司
印装 昆明兴晨印务有限公司
字数 130千
开本 720mm×1010mm 1/16
印张 10
版次 2020年3月第1版
印次 2020年3月第1次印刷
书号 ISBN 978-7-5715-0260-7
定价 30.00元

“高科技筑梦新时代”系列图书的出版，是深入贯彻落实国家关于全面推进素质教育和实施全民科学素质行动计划的积极举措。全面推进素质教育，切实加强科学教育，实施全民科学素质行动计划，形成尊重科学、尊重知识、崇尚创新的浓厚社会氛围，培养少年讲科学、爱科学、学科学、用科学的思维方式，弘扬时代精神。国家通过制定和完善科普政策法规，营造有利于科学传播的社会环境，这一系列硬性方针和鼓励政策也为少年科普图书的出版创造了良好的环境。

“高科技筑梦新时代”系列共4册，包括《中国“魔盒”》《灭癌“导弹”》《飞上蓝天的“蛟龙”》《未来水下城市》。该丛书囊括了航空航天、生物科学、海洋、能源与环境等众多领域里令人惊叹的高新科学技术知识，几乎涵盖了日常生活、工作和学习中所涉及的高科技。丛书介绍了国家的创新工程、人类的发明创造，以及未来多元化、趣味化的创新科技，利用高科技背后的有趣故事、叹为观止的科学事件、高新科技对人类生活各方面的影响，将各具特色、多姿多彩、精彩纷呈的高新科技实例展现在读者面前，将高科技“烹调”成一道人人称赞的

“营养书”。

随着高科技日新月异的发展，出现了很多创新性的科技事件，这些令人惊叹的高新科学技术就在我们身边，并且深刻地影响着我们的日常生活。少年早早地接触和认识这些高科技，了解其发展现状和趋势，从小跟上新时代科技迅猛发展的节奏，有助于增强他们对科学的兴趣，通过高科技的窗口，眺望未来科技的发展前景，为祖国为人民树立远大的理想。该丛书立足青少年本位意识，结合少年的阅读特点和理解能力，为他们奉献原汁原味的优质科普读物，使少年读者在学习科技知识的同时，在潜移默化中提高科学素质。

少年智则国智，少年强则国强。该丛书的出版对弘扬科学精神，培养创新思维，增强少年的科学意识、环境保护意识，牢固树立社会主义生态文明观等都有着十分重要的意义，也是对“科技强国梦”推动实现中华民族伟大复兴的中国梦的具体践行。中国梦连着科技梦，科技梦助推中国梦。未来世界将是一个全新的时代，需要年轻一代去创造和掌控。今天的少年是未来的主人，在他们心中播下科学技术的种子，就是实现中华民族伟大复兴“中国梦”的希望。本丛书注重科学素质的提高和科学精神的培养，让青少年在阅读中找到攀登科学高峰的方法，对继承和传播科学文化有着非凡的意义。

目 录
MULU

# 海底石油藏在哪里

海洋里有石油?

对，海洋里有石油。海洋里的石油不是隐藏在海水里，而是埋藏在海洋底部，被厚厚的沉积物覆盖，又被一层层海水阻隔。

埋藏在海洋底部的石油是从哪里来的?怎么找到埋藏在海底的石油?

## 海底石油的形成

海底石油是从哪里来的？这个问题问得好！

说起海底石油的来历，就得从海洋生物说起。

海洋中栖息着许多生物，有海洋动物、海洋植物、微生物等。居住在海底的有珊瑚、软体动物类的底栖生物；漂浮于海水中的有藻类等各种浮游生物；生活于海水中层、表层的有许多鱼类等。

海洋里栖息着的多种多样的生物为生成海底石油奠定了物质基础。

海洋生物死后，它们的遗体沉入海底，和泥沙一起被掩埋于海底。流入海洋的河流也带来大量有机物，这些有机物也和生

物遗体一起被掩埋于海底，并在海底缺氧的环境中不断沉积。

海洋生物遗体和有机物在一定压力的作用下，在适宜的地质环境中，经历漫长的岁月，形成石油滴。无数的石油滴聚集在一起，日积月累，形成石油矿藏。

那些可生长石油和天然气的岩层叫生油层，但并不是所有的生油层都能储油，储油构造的形成要有一定的条件。聚集石油滴的岩层要多孔、有裂缝，而且周围要有不透水的封闭岩层。在这样的条件下，石油滴才会储存起来，形成构造油气藏。

海底地层中形成的构造油气藏，主要有以下几种类型：

背斜油气藏：由于地壳运动，岩层中央向上隆起，产生一个鼓包，形成一个背斜构造，天然气便积聚在背斜顶部，而石油储藏在中间，最底下是水。大多数海底油田属于背斜油气藏。

断层油气藏：地壳运动时，地层发生交错断裂，并沿着错断面产生上下或左右错动，形成断层构造。若储油层一端为不透水地区所封闭，就可能形成油气藏。

地层油气藏：地壳变迁过程中，较老的地层遭到自然力剥蚀，在它上面又沉积新的地层，新老地层之间的接触面上下若具有储油层和不透水层，就能形成地层油气藏。

岩性油气藏：同一世纪的沉积岩层渗透性不同，周围又存在有不透水层，便形成岩性油气藏。

因为大陆架区域海底沉淀大量海洋生物遗体和陆上有机物，所以构造油气藏的地层很多。我国沿海大陆架和岛屿大陆架广泛存在构造油气藏。

智博士

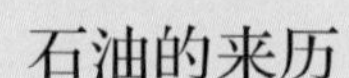


关于石油的来历，科学家们提出了两种观点。一种是无机成因说，他们认为石油是地下深处的岩浆等物质发生一系列化学反应形成的；另一种是有机成因说，即各种动物、植物，特别是低等的藻类、细菌、蚌壳等死后的尸体，埋藏在不断下沉缺氧的海湾、潟湖、三角洲、湖泊等地，经过长期的物理、化学作用，逐渐形成石油。现在，有机成因说广为认可，即认为石油是古代海洋或湖泊中的生物经过漫长的演化形成的，属于生物沉积变油，不可再生。

## 海上石油勘探

海底石油埋藏在海洋底部，上面被沉积物所覆盖，又有一层层海水所阻挡。如何找到海底构造油气藏呢？

最原始的方法是观察海面，因为石油的比重比海水小，埋藏于海底的油气顺着地层中的孔隙、裂缝往上飘移，会漂浮至海面，形成油花被人们发现。20 世纪初，有人在墨西哥湾海面上看到一层漂浮的油花，人们在那里寻找，发现了一个大油田。

寻找海上油田最可靠的方法是进行海上石油勘探，海上石油勘探可分为海洋地质调查、地球物理勘探、海上钻探三个阶段。

海洋地质调查包括沿海陆地和海底地质调查。大陆架地质构造和沿海陆地有关，所以，根据陆上油田地质构造可以推断海底地质构造。陆地上发现有油田的地方，与它相毗连的海区，也可能出现石油、天然气储藏。

地球物理勘探用于了解海底地质构造情况，它可以在较大面积范围内，以较快的速度找到海底石油。地球物理勘探种类很多，主要有以下几种：地震勘探，利用人工方法产生地震波，让它在海底岩层中传播，遇到介质性质不同的岩层分界面，地震波发生反射与折射，通过对地震波记录进行处理和解释，可以推断地下岩层的性质和形态，了解海底地质构造情况；重力勘探，利用海底各岩层的密度不同，用重力仪器来发现和测定岩层中重力的变化，通过发现重力异常现象来寻找地下油气藏；磁力勘探，利用海洋调查船或飞机拖着的磁力仪，发现、测定磁力异常现象，来寻找海底油气藏；电性勘探，利用岩层导电性不同，由专门的电测仪器来测定岩层导电性能变化，通过发现电力异常来探测海底岩层构造，寻找地下油气藏。

海上钻探，即在海洋、海湾等海域内所进行的钻井工程，最后确定海底究竟有没有构造油气藏、构造油气藏里有没有石油，以及有没有开采价值。海上钻探是寻找海底石油的最后一个环节，也是最重要、最直接的方法。海上钻探按其所担负的工作性质可分为：近海浅钻钻探、海上石油钻探和大洋钻探。

智博士

### 地震勘探方法

地震勘探方法由专门的地质勘探船来实施，通过在海水中用炸药爆炸或用压缩空气、电火花瞬时释放大量能量来产生，并由地震仪测量，记录地震波在地层中传播情况和反射速度的不同并以此判断海底地质情况。现代海上石油勘探大多用地震勘探的方法来进行，世界上一些主要的海上油田也是由地震勘探找到的。

# 怎么抽取“工业血液”

石油被称为“工业血液”。随着工业生产和交通业突飞猛进的发展，石油的需求量急剧增加。石油不仅储藏在陆地下面，也储藏在大海底下。有人估计储藏在海底的石油占整个地球石油储藏量的三分之一，也有人估算海底石油储藏量比陆地储藏量多。

海底石油大部分埋藏在大陆架浅海海底，如波斯湾、墨西哥湾、几内亚湾、北海等。我国渤海、黄海、东海、南海都蕴藏着石油资源。

海上钻井平台是一种海上钻井装置，用于海底石油的勘探、开采，抽取埋藏于海底的石油，使它成为“工业血液”。

## 最早的海上钻井装置

海上钻井和陆地钻井不同，海水深，而且海上有波浪、风暴，给海上钻井带来困难。

世界上第一个海上钻井装置出现在1897年，美国最先以栈桥连陆方式，在加利福尼亚州西海岸打出第一口海上油井，它也是世界上第一口海上油井。栈桥与陆地相连，基本上是陆地的延伸，与陆地钻井没有差别。这样，交通和物资供应都很便利。钻机在栈桥上可以随意移动，从而可以在一个栈桥上打出许多口井。

1920年，委内瑞拉利用木制钻井平台在马拉开波湖进行钻井，发现了一个大油田。

1922 年，苏联在里海巴库油田附近用栈桥连陆方式，进行海上钻探，获得成功。

1936 年，为了开发墨西哥湾陆上油田的延续部分，美国成功钻探了第一口深井，并建造了木质结构生产平台，于 1938 年成功地开发了世界上第一个海洋油田。

第二次世界大战后，木质结构钻井平台改为钢管架钻井平台。1964~1966 年间，英国、挪威在水深超过 100 米、浪高达到 30 米、最高风速 160 千米 / 时、气温在 0 摄氏度以下且有浮冰的恶劣条件下，采用钢管架平台，成功地开发了北海油田。

早期的海上钻井装置是固定式海上钻井平台。它是由上部平台、中间支柱和底部贮罐三部分组成。固定式海上钻井平台钻出油井后，可以转变成采油平台，进行海上采油。

智博士

### 第一个海上钻井装置的故事

世界上第一个海上钻井装置出现在美国加利福尼亚州西海岸。那是在1894年，美国人在加利福尼亚州的圣巴巴拉附近发现一个海上油田。人们惊讶地发现，越是靠近海边，油田的产量越高。1896年，有人就往海里打木桩建造码头，把钻机安在码头上打井。最早的两座码头分别深入海里92米和152米，每座码头上可以钻6～12口井。还有人往海里修建木头栈桥，在栈桥上钻井。到1900年，这个海滩上一共建了11座码头，最长的一座长375米。这就是世界上第一个海上钻井装置，当时用的是轻便的冲击钻机，用汽油发动机做动力，开创了海上钻井的新征程。

## 可移动式海上钻井装置

为了到更远、更深的海洋上钻井，可移动式海上钻井装置应运而生。这种钻井装置根据构造不同，有以下几种：

沉垫式钻井装置：它由上部作业平台、底部能沉浮的浮箱、中间连接平台与浮箱的脚柱三部分构成。要钻井时，把沉垫式钻井装置拖到预定位置进行海上钻井。钻井结束后，可将浮箱内的水抽干，利用浮箱提供的浮力上升到一定高度，再由拖船拖到新的地方进行钻探。

自升式钻井装置：它由桩脚、作业平台和升降机等组成。桩脚能升降，要钻井时，把桩脚插入海底，靠其深度来维持稳定性。将作业平台顶升到海面，使它不受海面波浪和海流影响，以保持海上钻井作业的稳定。钻完井后，将作业平台沿桩脚降到海面，拔出桩脚，收到一定高度，转移井位。我国的“渤海一号”就属于自升式钻井装置。

半潜式钻井装置：它的顶部是作业平台，下面有一个很大的浮箱，中间用几根钢质柱脚连成一体。它的构造与沉垫式钻井装置有些类似，所不同的是，它能够到深水中进行钻井。在深水中钻井时，用锚与锚链固定作业位置，使它在半潜状态下进行钻井作业，利用水下浮箱所提供的浮力，支撑顶部作业平台。海上钻井完毕，收起锚与锚链，由拖船将其拖至新的海区进行海上钻井。

漂浮式钻井装置：即海上钻井船，它就是海洋工程船，一般是单体船，也有由 2 个船体构成的双体船。它们能在海上漂浮，要是在水浅的海域钻井，可用抛锚的方法来固定船位，在预定位置上进行钻井作业。要是在较深的海上钻井，可通过船上自动定位装置来定位。自动定位装置由声呐、电子自动控制设备，和装在船首、船尾及船两侧的水下推进器来保持船位。当钻井船驶到预定位置，把一个声呐指向标安置在海底钻井孔位置上，声呐不断地向船上发出超声波信号。船上声呐接收装置接收到超声波信号，由船上计算机发出控制信号指挥水下推进器控制船位，使钻井船能排除海上风浪、海浪、海风等的干扰，便于钻机进行钻探作业。当一个地方的油井钻探成功了，便可自行驶往新的海区进行钻井作业。

到底选择何种海上钻井装置，要根据海底地质状况及具体情况决定。

智博士

### “渤海一号”钻井平台

“渤海一号”钻井平台是我国第一座自行设计、制造和安装的自升式钻井平台，该平台由基础和上层结构两部分组成。基础部分为 4 座 7 米 ×7.5 米的 6 桩导管架，在水面以上由水平拉筋连接成整体，导管架间距 6 米。桩的直径为 529 毫米，入土深度 29 ~ 31 米。该平台总长 60.4 米，总宽 32.5 米，设计水深 6.5 米，设计高潮位 4.0 米，风速 33 米 / 秒，最大波高 5 米。

# 可燃冰燃起新能源希望

2017 年 5 月 18 日，国土资源部（2018 年 3 月 13 日后改为自然资源部）中国地质调查局在南海宣布，我国在南海北部神狐海域进行的可燃冰试采获得成功。这标志着我国成为全球第一个实现了在海域可燃冰试采中获得成功的国家。

可燃冰试采成功，成为当时的头条新闻，迅速在世界各地传播开来。

可燃冰是什么呢？可燃冰试采成功的新闻为什么会引起世界关注？

## 什么是可燃冰？

可燃冰，即天然气水合物，又称“固体瓦斯”和“气冰”。其实，它是固态块状物，分布于深海沉积物或陆域的永久冻土中。由于可燃冰的外观像冰一样，遇火即可燃烧，所以被称作

“可燃冰”。

可燃冰是由天然气和水在高压低温条件下形成的类似冰状的结晶物。要形成可燃冰，需要满足两个条件：一是环境条件，首先是低温和高压条件，可燃冰存在于水温接近 0 摄氏度、水深超过 300 米的海域；二是物质供应，即天然气供给，由于海底沉积物里的天然气不足，需要甲烷气体的不断供给。另外，可燃冰的形成还需要良好的沉积物环境，一般较粗粒的沉积物有利于可燃冰的形成。

可燃冰具有燃烧值高、污染小、储量大的特点，它被认为是未来石油和天然气的战略性替代能源，是人类最有希望的新能源。

有科学家估计海底可燃冰的分布约占海洋总面积的 10%，这相当于 4000 万平方千米，是迄今为止海底最有价值的矿物资源。仅南海的潜在水合物资源就超过 680 亿吨石油量，几乎是整个波斯湾已探明石油和天然气储量的 1.5 倍。全球的可燃冰储量足以供人类使用 1000 年，如此庞大的可燃冰储量，燃起新能源的希望。因此，可燃冰被科学家誉为“未来能源”。

## 可燃冰怎么开采?

可燃冰蕴藏在海底，怎么把可燃冰从1000多米深的海底开采出来呢?

让我们到神狐海域可燃冰试采现场看看。

在神狐海域试采可燃冰的是“蓝鲸一号”半潜式钻井平台，作为一代超深水双钻塔半潜式钻井平台，“蓝鲸一号”外形巨大，长117米，宽92.7米，高118米。它的内载也相当庞大，它拥有27354台设备、40000多根管路、50000多个报验点，电缆拉放长度120万米。该钻井平台配备了动力定位系统，它的最大作业水深3658米，最大钻井深度15240米，适用于全球深海作业。

钻井作业开始了。第一步，把直径0.3米左右的钻头钻穿海底以下天然气水合物矿层，天然气水合物矿层约203~277米厚；第二步，对钻孔附近地层进行改造后，再下入防砂管和电潜泵系统；第三步，利用电潜泵抽水降压，在钻孔附近形成低压区，使可燃冰分解出甲烷气体，并从高压区向低压区汇聚，然后进入采

集管道上升到海面。

由于是试采阶段，所以采集到的甲烷气体并没有进行储存。为了防止污染环境，直接在空气中燃烧掉。

在神狐海域可燃冰试采过程中，我国科学家完成了六大技术体系共二十项关键技术的自主创新，这些创新技术包括防砂技术、储层改造技术和钻完井技术等。

我国在南海北部神狐海域进行的可燃冰试采获得成功，并实现了可燃冰的稳定开采。这是一项具有巨大潜力的开创性工作，也是世界能源的革命性事件，所以引起世界各大媒体关注，为世人瞩目。

智博士

### 可燃冰发现的小故事

1934年的一天，苏联的一位天然气专家在研究将水注入天然气中对产量有何影响时，一件意外的事件发生了：当工人向一口正在出气的气井注水时，气井突然变得安静了。气井不再出气，这是什么原因呢？这位天然气专家灵机一动，来到这口被弄坏了的气井边，让工人从仓库搬来两吨甲醇，注入气井中。几小时后，气井竟复活了，像原先那样汹涌地喷气。

这是什么道理呢？原来，在气井深处，矿层的温度低、压力大。因此，注入的水就和井内天然气结合成水合物，形成冰状固体堵塞物，即可燃冰。这样，气井就不再冒气了。后来，注入了甲醇，就破坏了水合物结构，使天然气“解放”出来，气井重新冒气了。后来人们在北极的海底首次发现了大量的可燃冰。

# 海上风电场

安安去上海洋山深水港游览，途经东海大桥，这座雄伟的跨海大桥，使他赞叹不已。在东海大桥两侧，安安看见一根根矗立在海上的高塔，塔顶的叶片在转动。

“看风车，海上的风车！”第一次看见这种奇观的安安兴奋地喊道。

“这不是风车，这是海上风电场！”导游说。

对，这是一个海上风电场——上海东海大桥10万千瓦海上风电场。它可是我国第一座海上风电场，也是亚洲首座大型海上风电场！

## 为何要建海上风电场？

海上风电场是指水深10米左右的近海风力发电站。与陆上风电场相比，海上风电场的主要优点是不占用土地资源，基本不受地形地貌影响，风速高，风电机组单机容量大，可以达到 3 ~ 5 兆瓦，而且，年利用小时数更高。

但是，海上风电场建设的技术难度较大，建设成本也较高，一般是陆上风电场的 2 ~ 3 倍。

中国海上风能资源丰富，主要分布在经济发达、电网结构较强、又缺乏常规能源的东南沿海地区。这就为发展海上风电场提供了机遇。

从全球范围来看，自 20 世纪 90 年代以来，研究人员经过多年的探索，海上风电技术已日趋成熟。全球海上风电装机容量在逐年增加，特别是丹麦和英国发展较快。

丹麦建立了世界上第一座海上风电场。这座海上风电场建有 11 台海上风力涡轮发电机组，于 1991 年开始运行。

有专家预测，到 2020 年，海上风电将会达到 7000 万千瓦，发展前景十分广阔。

近几年，我国海上风电发展前景越来越被看好，根据《风电发展“十三五”规划》，未来海上风电有望成为风力发电领域新的增长点。《风电发展“十三五”规划》提出的目标：到2020年，我国海上风电开工建设规模达到1000万千瓦，力争累计并网容量达到500万千瓦以上。

我国近海风力资源丰富，建设海上风电场，发展海上风电势在必行。我国第一个海上风电场——上海东海大桥10万千瓦海上风电场示范工程，就在这样的形势下出现了。

## 我国第一个海上风电场

上海东海大桥10万千瓦海上风电场示范工程位于上海浦东新区临港新城至洋山深水港的东海大桥两侧，最北端距离南汇嘴岸线近 6 千米，最南端距海岸线 13 千米，全部位于上海市境内。这是我国第一座海上风电场，总装机容量 20.42 万千瓦。

海上风电场所发出的电，可以通过海底电缆输出。

东海大桥 10 万千瓦海上风电场采用我国自主研发的 34 台 3 兆瓦离岸型风电机组。该项目的海上工程于 2008 年 9 月正式开工，2009 年 3 月，首台风机吊装成功，同年 9 月首批 3 台风机实现并网。2010 年 2 月，34 台风机吊装完成，6 月 8 日全部风机并网试运行。 2010 年 7 月 6 日，上海东海大桥 10 万千瓦海上风电场示范工程并网发电，标志着我国基本掌握了海上风电的工程建设技术，为今后大规模发展海上风电积累了经验。

东海大桥海上风电场在我国风电场建设史上创造了多项“第一”：第一次采用自主研发的 3 兆瓦离岸型风电机组，这标志着我国大功率风电机组装备制造业跻身世界先进行列；第一次采用

海上风机整体吊装工艺，大大缩短了海上施工周期，创造了历时一个月在工装船上组装10台、海上吊装8台的纪录；第一次使用高桩承台基础设计，有效解决了高耸风机承载、抗拔、水平移位的技术难题。

东海大桥海上风电场积累了丰富的海上风电工程建设经验，为我国大规模开发海上风电奠定了良好的技术和管理基础。

随着海上风电的快速发展，更先进的海上风电安装平台的市场需求将不断扩大。由于海上风电场对设备的技术水平、可靠

性、施工等方面有更高的要求，基于海上风电发展不俗的前景，风电安装船、风力发电船也颇受市场青睐。我们期待着更大功率的海上风电场、更先进的海上风电安装平台出现在海洋上。

智博士

### 风力是怎么发电的?

风力发电的原理是利用风力带动风车叶片旋转，再透过增速机将旋转的速度进一步提升，带动发电机发电。风力发电装置由叶片、机头、转体、尾翼组成。叶片用来接受风力；机头是一个风力发电机，它的转子是永磁体，定子绕组切割磁力线产生电能；转体能使机头灵活地转动；尾翼使叶片始终对着来风的方向，从而获得最大的风能。

# “海上大力士”的贡献

海洋上最壮观的是海浪。在水连天、天连水的海面上，浪涛汹涌。要是在狂风暴雨的日子，白浪滚滚，像成千上万条凶残的鲨鱼龇咧着雪白的牙齿，相互追逐着、咆哮着。海洋上的波浪是“海上力士”，力大无比，永不疲倦。它是许多海上灾难的肇事者，能把海上航行的船舶像抛彩球一样抛到空中。

这个力大无比的“海上力士”能不能干些正经事为人类做些贡献呢？

## “海上大力士”点亮了航标灯

海洋上的波浪为什么会成为“海上大力士”呢？

因为波浪里蕴藏着巨大的能量。

海水是一种液体，水分子受到外力作用，开始运动。水分子运动的动能是风能传给它的，水分子向前运动，位置逐渐升高，水分子运动的动能变成了势能。由于水分子受到重力作用，而且，水分子之间互相吸引，使得水分子运动受到限制，不能升得太高，也不能跑得太远。在惯性作用下，水分子不可能保持在原来的位置上，水分子冲过了最高点，就会向下滑落，便形成波浪，一起一伏地滚滚向前运动，而波浪的能量也在向前传递。波浪是一种运动形式的传播，是一种能量传递的过程。

早在 1898 年，法国人弗勒特切尔从用打气筒给自行车打气受到了启发，设计了一个带着圆柱筒的浮体，利用海浪上下运动压

缩圆柱筒内的空气，去吹一只哨笛。这就是“海上警浮标”，又称“雾号”。这是直接利用波力能的初级形式。那时，在法国沿岸和世界各海区包括中国有些地方都陆续装置了这种雾号。

海浪产生的压缩空气可以吹响哨笛，为什么不可以驱动涡轮发电机发电呢?

想得对！1910年，法国人波拉岁奎在海边的悬崖处，设置了一座固定垂直管道式的海浪发电装置，利用海浪产生的压缩空气驱动涡轮来发电，获得了1000瓦的电力。这是用波力能来发电的最早尝试。此后，在世界各地出现了许多不同结构、不同形式的波力发电装置。

1964年，日本人发明了第一盏用海浪发电的航标灯。它是利用波力能来发电，虽然它的功率不大，只有60瓦，但能供一盏航

标灯使用。这盏波力发电航标灯，像一颗耀眼的明珠，在茫茫的大海里为夜航的船只指引航向。

波力发电航标灯的发电原理是利用波浪的上下起伏，推动浮体里的活塞，在漂浮的气筒内做上下垂直运动。活塞与浮体的相对运动使漂浮的气筒中产生压缩空气。压缩空气经管道涌出，使得装在航标灯上的涡轮机转动，带动发电机发电，供航标灯使用。

海上大力士就这样点亮了航标灯。但是，航标灯使用的波力发电装置发出的电力有限，只有 6~7 瓦，仅能供一盏航标灯使用，并且只能用来导航。

## 波力发电船的问世

自第一个波力发电装置问世以来，世界各地出现了多种多样的波力发电装置，有的利用波浪的上下垂直运动来发电，有的利用波浪的横向运动来发电，还有的利用波浪产生的水中压力变化来发电。

1974 年，日本科学家建造了波力发电船，那是日本海洋科学技术中心研制的“海明号”波力发电船。“海明号”是世界上第一艘波力发电船，船长 80 米，宽 20 米。它停在海洋上像一艘油船，有着宽大的船体。

波力发电船是怎么利用波力来发电的呢?

原来，在这艘波力发电船上，有 4 个浮力室和 22 个空气室，每 2 个空气室一组，与一台发电机组相连。各自的空气室从底部进入海水，像是一个倒置的打气筒漂浮在海面上。波力发电船上的空气室里设置活塞，随着波浪的上下起伏运动，使波浪的动能转化成压缩空气的动力。压缩空气从喷嘴里喷出，推动涡轮机叶片转动，从而带动发电机发电。这艘波力发电船最大的输出功率达到 150 千瓦。

1979 年，“海明号”波力发电船纳入国际能源机构的共同开发计划，由日、英、美、加拿大、爱尔兰五国共同参加，总装机容量提高到 2000 千瓦，成为当时世界上最大的海上波力发电站。

1985 年，日本又在海岸边建造了一座装机容量为 500 千瓦的波力发电站和一座装机容量为 350 千瓦的楔形波道发电站。

同年，挪威在一个海岛建立起了一座装机容量为 500 千瓦的波力发电站和一座装机容量为 350 千瓦的楔形波道发电站。1990 年 12 月，中国第一座海浪发电站发电试验成功，随后又建造了一座装机容量为 20 千瓦的波力发电站。1991 年，英国在苏格兰的一个岛上建成一座波浪能发电站，使用一台气动涡轮机来发电。这座发电站的发电量为 75 千瓦。

波力能

波力能是指波浪里蕴藏着的能量，是一种可再生的自然能源，其大小与波浪高度和周期有关。每米海岸线上波力能蕴藏量大约为波浪高度即波高平方和波浪周期的乘积。波浪高度和周期又与地形和风速有关。风速越大，每米海岸线上蕴藏的波力能也就越大。

# 千奇百怪的波力发电站

自第一个波力发电装置问世以来，世界各地的海洋上出现了多种多样的波力发电站。

波力发电站是什么模样的？它是怎样构造的？

波力发电站的种类很多，其模样和构造也不同。

## 从浮鸭到漂浮腊肠

英国科技人员受到鸭子在水面上戏水的启发，研制了一种鸭式波力发电装置，它是一种凸轮式发电装置。这种发电装置模样像一只浮在水面上的鸭子，它的一头是圆形的，另一头是尖尖的凸轮，它的胸脯对着海浪传播的方向。

这种鸭式波力发电装置可以随着海浪的波动，像个不倒翁一样不停地来回摆动，利用摆动的能量，带动工作泵，推动发电机发电。它可以使波浪能量的 90% 转变成动力，机械效率特别高。

有人制造了利用波力能发电的筏子。发电筏子是由串联的筏子组成，每个筏子 10 米长，可相对另一个筏子上下转动，整个筏子漂浮在海上。由于发电筏子可以随着波浪运动，所以又叫波动筏。在发电筏子的两个筏子之间装有液压泵和液压马达，波力的动能使液压泵工作，带动液压马达，使发电机发电。

英国还研制了一种腊肠式波力发电站，这座电站像一串漂浮在海面上的腊肠，又像一条水蛇。这些腊肠似的气囊漂浮在海面上，气囊上设置有进气阀、放气阀。当波浪经过气囊时，气囊内的空气进入高压管；当波浪远去时，气囊的压力降低，空气由低压管进入气囊。空气流动产生了气流，气流经过加速，成为高速气流，使涡轮机转动，带动发电机发电。

## 形形色色的波力电站

能不能直接利用海浪的冲击力来发电呢?

有人设想在距海岸1000米、水深10米左右的海上筑起两道墙。这种面向大海建造的高墙叫集波墙，从高空往下看，集波墙像个“V”字形的喇叭。集波墙喇叭口的外海面波浪不高，但当它涌向集波墙时，由于喇叭里的断面越来越小，使波浪越挤越高，到了喇叭口的尽头，一下子就会升得很高，小浪变成了巨浪。

在集波墙的尽头，安装着水泵制动杆，靠高大的波浪推动制动杆，把海水灌入高处水槽里贮存起来。高处有了水，就可以用水力来发电了，集波墙就成了波力发电站。这种波力发电站不会受到波浪大小的影响，发电能力稳定，发电设备不需经受大风大

浪的考验。

海洋里有一种称为“环礁”的礁石，它像一个沉在海里的大木盆，在海面上只露出木盆的盆沿儿。当海浪冲击环形礁时，海浪并不直接拍向环礁的中心，而是绕着环礁沿着螺旋形的路线涌到环礁的中心，并在中心部位形成涡流，像是用木棒搅着似的。而海洋涡流里蕴藏着巨大的能量。

美国科技人员受海洋环礁的启发，提出了建造环礁式海浪发电站的设想。设想的环礁式海浪发电站形状奇特，海面上只看到一个圈儿，直径约有 10 米，水下部分比海面上看到的大多了。它像个巨大的圆形屋顶，又像一个特别的瓷碗倒扣在水里，直径达到 76 米。其实，它是一个起到导流作用的装置，可以引导波浪沿着螺旋形的路线涌向中心。在环礁式海浪发电站的底部，立着一根 20 米高的空心圆筒，圆筒里装着水轮机。水轮机在筒内涡流的推动下转动，再带动安装在顶部的发电机发电。

还有科学家设想在海边建立固定式波浪发电站，具体做法是用火焰喷射的方法在海岸岩石上打洞，洞穴作为空气活塞室。也

可以利用海边的天然洞穴，扩大其面积，从而增加空气活塞室的面积。在空气活塞室里安装大功率的波浪发电装置，建立固定式波浪发电站。

云南师范大学发明了一种发条蓄能新方法：让波浪冲击活塞，活塞连杆带动拐臂拧紧弹簧发条蓄能器，发条持续带动大齿轮，并传动与其咬合的小齿轮，小齿轮固定在发电机轴伸端上，从而发电。活塞连杆上套有压缩弹簧，波峰时活塞压缩弹簧，波谷时弹簧将活塞推回原位。整套设备装在漂浮箱体内，固定在堤坝上，可上下浮动。活塞始终迎向波浪，充分吸收波能。通过实现活塞群体化可形成防洪大坝，一举两得。

美国能源部技术研究所研制一种可将海水挤压到岸上蓄水池的波电系统，再按水位差进行低水头水轮机发电；美国佛罗里达水电公司发明一种中心敞开式水轮机，可用于波力发电。

对于波力发电站的设想有很多，但都不成熟，离实际应用有不少距离。它们存在共同的问题：一是波力发电站的选址，哪里是建波力发电站最合适的位置？二是波力发电站的结构和

材料，其发电构件的结构强度能否承受巨浪冲击，其材料能否耐腐蚀？三是如何降低成本？

随着高科技的发展，各种波力发电站的设想层出不穷，波力发电站必将会从设想变成现实，在未来大放异彩！

智博士

### 波力发电站

波力发电站是一种利用波力来发电的装置和设施，它是获得清洁、可再生能源的电站。波力发电原理是将波力转换为压缩空气来驱动空气涡轮发电机发电，使波力能转换为电能。波力发电得到的电能是一种清洁的可再生能源，取之不尽、用之不竭，发展前景广阔。

# 钱塘江潮的呼喊

“潮来了，潮来了！”随着人群的喊叫声，白浪涌来，海水奔腾起来。耳边传来轰隆隆的巨响，响声越来越大，犹如擂起万面战鼓，震耳欲聋。雾蒙蒙的江面上出现的一条白线迅速西移，变成了一堵高大的水墙，像万马奔腾。这就是在浙江盐官观看到的钱塘江一线潮的情景。

钱塘江潮是我国著名的自然奇观，是发生在浙江省钱塘江流域的水面周期性涨落的潮汐现象。钱塘江潮在表现自然壮观的同时，也在呼唤人们利用潮汐来为人类服务。

## 潮汐和潮汐能

潮汐，是指海洋水面周期性涨落的水文现象。有人把潮汐称为“海洋的呼吸”，这是十分贴切的。

海洋为什么能准时地涨潮落潮呢?

原来，地球与月亮、太阳之间存在万有引力，由于月亮离地球近，月亮与地球之间的引力要比太阳与地球之间的引力大两倍左右。同时，地球在绕太阳转动，月亮也在绕地球转动，旋转运动会产生离心力。各个地方海洋里的海水质点同时受到天体引力作用和旋转运动产生的离心力作用，其合力便是引潮力。

潮汐的成因主要是月亮与太阳的引潮力，其中，以月亮的引潮力为主。潮汐是受月亮和太阳这两个天体的引潮力作用，出现海平面周期性变化的自然现象，海平面每昼夜有两次涨落。

潮汐和波浪不同，它是一种海水运动。潮汐引起的海水运动有两种：一种是海水垂直升降运动，即潮汐涨落；另一种是海水水平运动，即潮流，它是伴随潮汐涨落而产生的。潮汐和潮流是一对孪生兄弟，都有一定的规律。

潮汐引起的海水运动所具有的能量就是潮汐能，潮汐能是海洋中蕴藏量巨大的自然能源。潮汐能在海岸边和一些浅而狭窄的海面上蕴藏量很大。中国大陆海岸线长达 1.8 万千米，潮汐能资源十分丰富。

世界上有许多海湾、海峡，其潮汐能蕴藏量巨大。

## 潮汐发电原理

潮汐蕴藏着巨大的能量，在当前，主要是利用潮汐能来发电。

潮涨潮落，怎样利用潮汐来发电呢？

要在海湾或河口建筑拦潮大坝，形成天然水库。在水库的坝中或坝旁修建机房，安装水轮发电机。利用潮汐涨落时海水水位的升降，形成可以利用的水位差，使海水推动水轮机发电。

从能量的角度来看，潮汐发电就是利用海水的势能和动能，通过水轮发电机转化为电能，给人们带来光明和动力。

潮汐发电与普通水力发电原理类似，都要建造水库，在涨潮时将海水储存在水库内，落潮时，放出海水，利用高、低潮位之

间的落差，以水的动能推动水轮机旋转，带动发电机发电。

潮汐发电与普通水力发电存在一定的差别。普通水力发电是利用地理位置不同，形成水位落差，水从高处流向低处，使水轮机转动来发电。潮汐发电是利用潮水周期性涨落来发电。潮汐涨落蓄积的海水落差不大，但流量较大，并且呈间歇性。所以，潮汐发电的水轮机结构要适应水压低、流量大的特点。

潮汐发电的原理简单，实施起来却存在不少问题。潮汐发电受潮水涨落的影响，发电不稳定。而且，海水对水轮机及其金属构件有腐蚀作用，潮汐水库中泥沙淤积问题都较严重。这些问题都需要得到妥善解决，潮汐发电才能大规模推广和应用。

## 潮汐电站类型

20 世纪初，一些欧美国家开始研究潮汐发电。第一座具有实用价值的潮汐电站是法国郎斯电站，位于法国圣马诺湾郎斯河口，于 1966 年竣工。

郎斯潮汐电站机房中安装有 24 台双向涡轮发电机，涨潮、落潮都能发电。总装机容量 24 万千瓦，年发电量 5 亿多度。

1968 年，苏联在基斯拉雅湾建成了一座 800 千瓦的试验潮汐电站。1980 年，加拿大在芬地湾建了一座 2 万千瓦的中间试验潮汐电站。

潮汐电站种类很多，形式多种多样，主要有三种形式：

单库单向电站：只用一个水库，一般在河口筑一道拦潮大坝，在河口内形成水库，在坝中或坝旁修建机房，安装单向水轮发电机。潮涨时，海面与水库之间有一个水位差，使海水推动水轮机发电。它不能连续发电，发电时间短，发电量小。

单库双向电站：也只用一个水库，但在机房内，安装双向水轮发电机，它结构特殊，可以顺转，也可以逆转，使海水推动水轮发电机发电。所以，它在涨潮或落潮时都能发电。

双库双向电站：用两个相邻的水库使一个水库在涨潮时进水，另一个水库在落潮时放水，这样前一个水库的水位总比后一个水库的水位高，故前者称为上水库，后者称为下水库。水轮发电机组放在两个水库之间的隔坝内，两个水库始终保持着水位

差，故可以全天发电。

我国在沿海地区也修建了一些中小型潮汐发电站。浙江是潮汐发电的主力省，在浙江省温岭市建成的江厦潮汐发电站，是我国已建成的最大的潮汐发电站，总装机容量 3200 千瓦，年发电量 600 万度。

智博士

### 潮汐能利用

潮汐是一种周期性的海水涨落现象，循环重复，永不停息。潮汐与人类的关系非常密切。海洋工程、航运交通、军事活动、渔业、制盐、海上作业、近海环境研究与污染治理，都与潮汐现象密切相关。尤其是，永不休止的海面垂直涨落运动蕴藏着巨大的能量，建设潮汐发电站，利用潮汐发电是海洋开发的重要内容。

# “水下风车”转动了

海流，又名洋流。“洋”字从水从羊，“水”指水流、水体，“羊”意为驯顺。“水”与“羊”结合起来表示“像羊群顺走般流淌的水”，特指大海中浩荡的海流。

海流确实像羊群一般驯顺，长年累月按着固定路线流动。海流和陆上的河流不同，它没有看得见的河岸。海流两边依旧是海水，颜色也相同。海流要比陆上的河流长得多、宽得多、深得多，也快得多。最强的海流宽上百上千米，长数万千米，流速最大每小时十多千米。海流里蕴藏着巨大的能量，可以为人类做贡献，是一种未经开发和利用的新能源。

“水下风车”就是一种利用海流发电的装置，它把海流里蕴藏的巨大能量开发出来，为人类造福。

## 海流的种类和成因

海流是海水因热辐射、蒸发、降水、冷缩等而形成密度不同的水团，再加上风应力、地转偏向力、引潮力等作用而大规模相对稳定的流动，它是海水的普遍运动形式之一。

海洋里有着许多海流，每条海流终年沿着比较固定的路线流动。它像人体的血液循环一样，把整个世界的大洋联系在一起，使世界大洋得以保持其各种水文、化学要素的长期相对稳定。

海流有多种分类方法，按照海流成因的不同分为下列两种：

一是风海流，也叫漂流，是由风直接产生的海流。海洋里那些比较大的海流，多是由强劲而稳定的定向风刮起来的，风与海洋表层水之间会发生摩擦，通过摩擦方式，风可将其中一部分能量传递给

表层海水，除了形成波浪外，还使表层海水发生流动，从而形成风海流。

二是密度流，也叫梯度流，是海水密度分布不均匀而产生的海水流动。由于海水密度的分布与变化直接受温度、盐度的支配，不同地区的海水受太阳照射不同，导致水温不一样，不同温度的海水密度也不一样。而且，不同地区的海水中，所含的盐分和其他物质不同，也会影响海水密度。海洋各处海水密度不同，促使海水流动，形成密度流。

按照海流流向不同，可分为上升流和下降流。上升流是海水向上流动，海洋中的涌泉就是一种上升流；下降流是海水向下流动。上升流和下降流均是海水在垂直方向上的运动。

按照海流受力情况不同，可分为地转流、惯性流。

按照海流发生的区域不同，又分为海流、陆架流、赤道流、东西边界流。

按照海流的海水温度不同，可分为暖流和寒流两类。暖流的海水温度比流过海区的海水温度高；寒流的海水温度比流过海区的海水温度低。此外，海底还存在潜流，它的流动方向与海洋表面海流流向相反。

世界上有许多著名的海流，黑潮是其中之一。黑潮是北太平洋副热带总环流系统中的西部边界流，它具有流速强、流量大、流幅狭窄、延伸深邃、高温高盐等特征。由于其水色深蓝，远看似黑色，因而得名“黑潮”。黑潮对日本、朝鲜，及我国沿海地区的气候有一定的影响。

## 海流怎样发电

海流里蕴藏着能量，它要比陆上河流蕴藏的能量大得多。就拿世界著名的海流“黑潮”来说，它的流量比世界上所有陆地河

流流量总和大 20 倍，它蕴藏的能量大约相当于每年发出 1700 亿度电力。

利用海流可以发电。海流发电与陆地河流发电不同，和潮汐发电也不一样，它不能建筑拦水坝和拦潮大坝，也不能建筑水库或蓄水池。

海流发电与潮汐发电原理是相同的，利用海流的冲击力使水轮机旋转，然后再带动发电机发电。但是，海流发电站不能建在江河边或海边。通常，海流发电站漂浮在海面上，用钢索和锚加以固定。

经过多年努力，科技人员研究了多种海流发电技术，研制了多种海流发电装置，它们的形状类似于风车、水车，装有叶片。风车是靠风力吹动叶片，使风轮机转动，带动发电机发电。海流发电装置是靠海流水力冲击叶片，使水轮机转动，带动发电机发电。所以，海流发电装置又称“水下风车”。

海流发电技术受到许多国家的重视。1973 年，美国试验了一种名为“科里奥利斯”的巨型海流发电装置。该装置为管道式水轮发电机，机组长 110 米，管道口直径 170 米，安装在海面下 30 米处。在海流流速为 2.3 米 / 秒的条件下，该装置获得 8.3 万千瓦的功率。

海流发电技术和风力发电技术相似，几乎任何一个风力发电装置都可以改造成为海流发电装置。但由于海水的密度约为空气的1000倍，且必须放置于水下，故海流发电存在着一系列的技术问题，包括安装维护、电力输送、防腐、海洋环境中的载荷与安全性能等。

海流发电装置和风力发电装置的固定形式和透平设计有很大的不同。海流装置可以安装固定于海底，也可以安装于浮体的底部，而浮体通过锚链固定于海上。海流中的透平设计也是一项关键技术，只有等到这些关键技术成熟的时候，海流发电才能得到真正应用。

## 中国的“水下风车”

早在2006年，浙江大学李伟教授领导的科研团队就研制了国内第一台“水下风车”的模型样机。它是一种新型海流能源利用装置，并在浙江岱山县进行海流试验发电，获得成功。

“水下风车”的原理、结构与风力发电的“风车”很相似，装置上有巨大的叶轮，这些或水平或垂直放置的巨型“风扇”，被海流推动，就会源源不断地转换成电能。海流发电装备主要有水平轴、垂直轴和振动式三种基本形式。

浙江大学研发的海流发电机组属于水平轴结构，效率高。海水流过，接近一半的能量可以提取出来。国际上其他一些国家主要采用高效水平轴的技术路线，特别是在大型机组中，英、美、法、德、挪威等国主要采用主流的水平轴结构形式。水平轴怎么做？其先进技术路线是什么？

李伟团队在对比分析后发现，在中大型的水平轴装备中，传统高升速型与直驱型的装备都有其局限性。他们提出了新的设计思路，根据用户对发电效率的需求，对叶轮、低速齿轮箱和亚低速电机等主要部件径向尺寸进行约束性优化设计，最终形成外形狭长流畅、内在性能优异的新机型。同时，课题团队还在变桨和密封两个关键部件上进行创新，使机组水下运行时间达到世界领先水平。

2013 年 8 月 27 日，我国由中国海洋大学研制的首台 100 千瓦潮流能发电装置在黄岛区斋堂岛海域正式安装成功。这次入水的“水下风车”是一个高达 18 米的大家伙，底部呈三足鼎立状，3 个大的圆柱体很牢固地支撑着整个设备，顶部则形似一个大风车，3 个白色的叶片转动将产生能量发电。整个装置采用变桨距技术、先进的电力变换与控制系统，吸取了大型风电机最新的控制技术，优化了潮流叶片的设计。“水下风车”的水轮机叶片采用了翼型叶片，叶片的倾角可以改变以适应不同的流速。这一技

术的突破使得潮流能发电装置能够适应不同海域的情况，不再受海水流速限制。

虽然，中国的“水下风车”已经转动了，但是，如何耐得住波浪冲击、耐得住海水腐蚀，确保较长的寿命？如何不让海洋生物附着，尽可能不影响或少影响发电机组的运行？又如何降低成本，有利于全国推广和海洋能利用的产业化？看来中国的“水下风车”研究和发展任重道远。

智博士

海 流

海流又称洋流，是海水因热辐射、蒸发、降水、冷缩等而形成密度不同的水团，再加上风应力、地转偏向力、引潮力等作用而大规模相对稳定的流动。它是海水的普遍运动形式之一。海洋里有许多海流，每条海流终年沿着比较固定的路线流动。它像人体的血液循环一样，把整个世界大洋联系在一起，使整个世界大洋得以保持其各种水文、化学要素的长期相对稳定。海洋中最著名的海流有黑潮和墨西哥湾流。

# 开启海洋热能仓库

海洋是地球上最大的热能仓库，也是新能源仓库。

海洋储藏的热能主要来自太阳。太阳向宇宙空间放射的光和热照射到地球上，其中相当一部分用来加热空气和被地球大气所反射掉。到达地面的太阳能，大部分照射到海洋里，被海水吸收，储藏在海洋这个热能大仓库里。

## 海洋热能仓库的特点

要想开发海洋热能仓库中的能源，先得了解一下海洋热能仓库的成因和特点。

海洋为什么会成为热能大仓库呢?

海洋之所以能储藏热能，之所以能成为热能大仓库，是由于海水热容量大，每立方厘米为 0.965 卡，比空气热容量大 3000 多倍，还比陆地表面土层热容量大两倍。而且，海洋广阔，海洋面积占了地球表面积的三分之二。海洋表面受太阳照射，海水把太阳辐射能转化为海洋热能，储藏在海洋里。所以，海洋成了地球上的热能大仓库。

海洋里储藏着丰富的热能，但是，海洋这个热能仓库的热能分布很不均匀，要开发这个热能仓库就得了解海洋热能仓库的特点。

地球上不同地理位置、不同地方的海水，受阳光照射不同，海水吸收热能多少也不同，海水表面层温度不同，储热量也不同。海洋热能仓库储热量是随着地理纬度变化而变化的，纬度越高，储热量越少；纬度越低，储热量越高。

同一地区、同一地方的海水温度在垂直方向分布也不均匀，海水温度随着海洋深度增加而降低。射入海水的太阳能，其中 80% 的能量是被 1 米深的表层海水吸收和储存；大约 5% 的太阳能才射入 5 米深的表层海水中；只有 1% 的太阳能才射入 10 米深的海水中。随着海水深度增加，海水温度在下降。海洋表层海水温度和海洋深处温度相差有一二十度，甚至更多。

海洋各处的海水温度还与季节、昼夜、海水成分和海水运动情况有关。

海洋热能仓库中的热能主要储藏在低纬度和中纬度地带的表层海水中，所要开发、利用的也是这一地带的海洋热能。

## 有趣的温差发电实验

人们早已知道海洋中储藏着丰富的热能，但是，如何开发、利用海洋热能大仓库中的热能呢？很长时间以来，人们只能望洋兴叹。

1881 年 9 月，巴黎生物物理学家阿松瓦尔就提出利用海洋温差发电的设想。

1926 年 11 月，阿松瓦尔的学生克洛德用两只烧瓶做了一个有趣的温差发电实验：1 只装冰块，水温保持 0 摄氏度；另一只烧瓶中装着 28 摄氏度的温水，这水温与热带海域表面水温相近。用管道将两只烧瓶连成一个密封系统。这个密封系统外接一台真

空泵，由喷嘴、涡轮发电机、3 个电灯泡组成。

实验开始了，克洛德用真空泵降低烧瓶中的压力，将空气从烧瓶中抽出，当烧瓶中压力降低，水的沸点下降到 28 摄氏度时，他发现，右边的烧瓶中的水开始沸腾，冒出水蒸气，而左边的烧瓶中由于装有冰块，水温仍保持在 0 摄氏度。这样，左右两个烧瓶产生了气压差，右边的烧瓶中产生的蒸汽，通过喷嘴喷出，涡轮发电机旋转，发出电力，3 个电灯泡亮了！

克洛德看见 3 个电灯泡亮了，兴高采烈。这个实验证明了他的老师阿松瓦尔提出的温差发电设想是正确的，也说明建立海水温差发电站是可行的。

1930 年，阿松瓦尔的学生克洛德在古巴附近的海中建造了一座海水温差发电站，这是一座试验性的海水温差发电站。

## 海水温差发电的原理和方式

海水温差发电站是怎么发电的呢?

海洋中海水表面温度不同，在热带和亚热带地区，表层海水保持在25~28摄氏度。而在几百米以下的深层海水温度却保持在4~7摄氏度，用上下两层不同温度的海水作热源或冷源，就可以利用它们的温度差发电。

海水温差发电的基本原理是借助一种工作介质，通常利用氨和水的混合液。与水的沸点100摄氏度相比，氨水的沸点是33摄氏度，容易沸腾。借助表面海水的热量，利用蒸发器使水沸腾，用氨蒸汽带动涡轮机。氨蒸汽会被深层海水冷却，重新变成液体。在这个过程中，可以依次将海水的温差变成电力。使表层海水中的热能向深层海水中转移，从而发电。

海洋温差发电有两种形式：开式循环系统和闭式循环系统。

开式循环系统由真空泵、温水泵、冷水泵、蒸发器、冷凝器、涡轮发电机等组成。用真空泵先将系统内抽成一定程度的真空，接着启动温水泵把表层的温水抽入蒸发器，表层的温海水就在蒸发器内沸腾蒸发，变成蒸汽。蒸汽经管道由喷嘴喷出推动涡轮发电机发电。排出的低压蒸汽进入冷凝器，由冷水泵从深层海水中抽上来的冷海水冷却，重新凝结为水，并排入海中。

闭式循环系统是将来自表层的温海水，在热交换器内将热量传递给低沸点工质——丙烷、氨等，使之蒸发，产生的蒸汽再推动涡轮发电机发电。深层冷海水仍作为冷凝器的冷却介质。由于这种系统不需要真空泵，是目前海水温差发电中常采用的循环方式。

除了开式、闭式两种循环系统外，还有一种混合式循环系统。它是把温水抽入蒸发器，使之成为蒸汽，再加热低沸点工质，有良好的传热性能。

无论哪种形式的海洋温差发电，所产生的蒸汽气压低，效率也低，发电量少。由于海洋温差发电站设置在陆地上，需要有很长的管道，用水泵来把表层和深层的海水引入海洋温差发电站，也要消耗很多能量，于是，限制了海洋温差发电的推广和应用。

看来要建设和发展海洋温差发电站还需要突破技术难关。

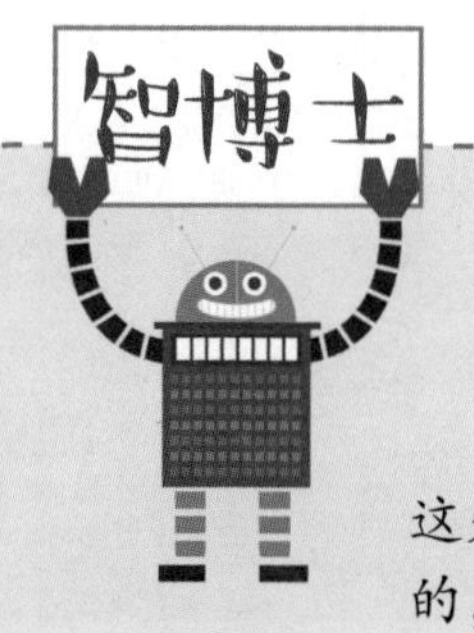


### 世界各地的海水温差发电站

世界上第一座海水温差发电站出现在1930年，这是阿松瓦尔的学生克洛德在古巴附近的海中建造的，发电功率10千瓦。1979年，美国在夏威夷的一艘海军驳船上安装了一座海水温差发电试验台，发电功率53.6千瓦。1981年，日本在南太平洋的瑙鲁岛建成了一座100千瓦的海水温差发电装置，1990年又在鹿儿岛建起了一座兆瓦级的海水温差发电站。

# 方兴未艾的海水盐差发电

海洋里蕴藏有热能，还蕴藏有化学能，盐差能就是一种化学能，是指海水和淡水之间或两种含盐浓度不同的海水之间的化学电位差能，它是以化学能形态出现的海洋能。海水盐差能也是海洋能中能量密度最大的一种可再生能源。

## 什么是海洋盐差能

到海滨浴场游泳的同学可能会尝到海水味道，海水是咸的，因为海水里溶解有固体盐类物质。一般海水含盐度为 3.5%。

海洋盐差能主要存在于河海交接处，它是海洋能中能量密度最大的一种可再生能源。

1939 年，人们就发现把两种不同浓度的盐溶液倒在同一容器中时，浓溶液中的盐类离子会向稀溶液中扩散。人们由此得到启发，设想将两种盐度不同的海水的电位差能转换成电能，就可以利用海洋盐差能。

据测算，当海水含盐度为 3.5% 时，海水和河水之间的化学电位差有相当于 240 米水头差的能量密度。从理论上讲，如果能把这个压力差能利用起来，从河流流入海中的每立方英尺（1 立方英尺约等于 0.03 立方米）的淡水可发 0.65 度电。

海洋盐差能是一种河流入海的过程中蕴藏着的一种鲜为人知的能源形式。如果能利用全球汇入大海十分之一的河水发电，则可以满足 5.2 亿人的电能需求。海洋盐差能不排放任何二氧化碳，是一种可再生的绿色能源。在这样一个能源短缺、环境污染严重的时代，人们期待着这种新能源开发技术的出现。

## 海水盐差发电的方法

海洋盐差的利用方式主要是发电，其原理是将不同盐浓度的海水之间的化学电位差能转换成水的势能，再利用水轮机发电。

海水盐差发电的方法有以下几种：

渗透压式方法：将一层半渗透膜放在两种不同盐浓度的海水之间，通过这个膜会产生一个压力梯度，迫使水从盐度低的一侧通过这层膜向盐度高的一侧渗透，从而稀释盐浓度高的水，直到膜两侧水的盐浓度相同为止。此压力称为渗透压，渗透压的大小与海水的盐浓度及温度有关。这样，不同盐浓度的海水之间的化学电位差能转换成水的势能，再利用水轮机发电。

美国科技人员就按照渗透压式方法，提出一种海水盐差发电装置：一个构造特殊的水压塔。它有上端开口和下端封闭的腔室，可以容纳水体。水压塔的一侧是淡水室，另一侧是海水室，中间用特制的半渗透膜隔开。由于淡水和海水之间的盐度不同，形成较高的渗透压力，淡水不停地渗入已经充满海水的水压塔。当水压塔中的水体一直升高到达上端时，海水从上端开口处溢出，水流冲击涡轮机叶片，使其转动，带动发电机发电。

蒸汽压式方法：是根据淡水和海水具有不同蒸汽压力的原理研究出来的。在相同的温度下，淡水比海水蒸发快，因此，海水的蒸汽压力要比淡水低。于是在空室里面，水蒸气会很快从淡水上方流向海水上方，只要装上涡轮机，利用蒸汽气流使涡轮机转动，就能利用该盐度差能进行发电。此过程中涡轮机的工作状态类似于开式海洋热能转换电站。这种方法所需要的机械装置的成本也与开式海洋热能转换电站差不多。

太阳能盐水池方法：吸收阳光到达盐水池塘底部的热量，利用太阳能将盐水蒸发，再用蒸汽推动发电机。该方案利用淡水和盐水之间的密度差异和自然对流的影响，从而达到吸热和储热的效果。

上述海水盐差发电方案提取盐差能的方法，理论上可行，实际操作起来难度很大。如采用渗透压式方案，为了保持盐度梯度，需要不断地向水池中加入盐水，水池的水面才会高出海平面。但这就需要耗费很大的功率来抽取海水，导致发电成本高。

由于在许多江河入海口处的海水渗透压力差大得惊人，那里蕴藏着极大的自然能量，海水盐差发电不需要任何燃料，既不产生垃圾，也不排放二氧化碳，更不受气候变化的影响，可以说是一种取之不尽、用之不竭的洁净能源，有着极大的开发价值。

海水盐差发电技术出现较晚，科学家对其特点、基础技术掌握不够，特别是关键材料半渗透膜技术未过关。所以，海水盐差发电还未到实际应用阶段。但是，海洋中盐差能蕴藏量巨大，作为一种海洋新能源，前途无量。海水盐差发电技术研究还在起步阶段，海水盐差发电方兴未艾，在江河入海口处建造海水盐差电站，进行海水盐差发电还是值得期待的。

智博士

### 海水盐度

海水盐度是指海水中全部溶解的固体盐类物质与海水质量之比，通常以每千克海水中所含的克数表示。人们用盐度来表示海水中盐类物质的质量分数。世界大洋的平均盐度为35‰。影响海水盐度的因素主要有降水量、蒸发量和河川径流量等。

# 海洋上的“航天兵”

瞧，航天远洋测量船“远望 3 号”和“远望 7 号”在太平洋某海域相距 1100 多海里布阵，它们为什么守候在这里？

原来，2018 年 12 月 8 日凌晨，“嫦娥四号”探测器在西昌卫星发射中心成功发射。航天远洋测量船是为了接力完成“嫦娥

四号”探测器三级二次段至地月转移段初期火箭、着陆器的测控任务。“远望3号”测量船于2018年10月初出航，海上作业74天，航行1.6万余海里，圆满完成了“嫦娥四号”“北斗三号”等4次海上测控任务。

解放军总装备部的航天远洋测量船队已经完成了80多次海上测控任务，航天远洋测量船就是海洋上的“航天兵”。

## 测量船的由来与发展

测量船出现于20世纪50年代末60年代初，早期的测量船主要用于导弹打靶试验，所以，又叫靶场测量船。这些测量船多半是由货船、油船等运输船舶改装而成，仅用于导弹打靶试验。如美国的“跟踪号”“朗维龙号”就是由运输船改装而成的。

20世纪60年代后，美国、苏联等建造了专门用于导弹、卫星试验的测量船，如美国的“红石号”“先锋号”和“水星号”，苏联的“加加林号”和法国的“亨利·邦加勒号”，它们均是专门建造的现代化测量船。其中，苏联的“加加林号”排水量53000吨，是当代世界上最大的测量船。

自从20世纪50年代中期起，美国、苏联先后发射远程导弹、人造卫星和宇宙飞船。最先，美国、苏联兴建一些陆地试验场和地面跟踪器，对导弹、卫星、飞船进行陆上测量。由于陆地试验场受到周围地形条件限制，无法满足导弹、宇航试验要求。于是，出现了用于导弹打靶、卫星发射试验的测量船，成为导弹、卫星的海上守望者。

我国在20世纪70年代自行设计、建造了“远望号”测量船，它是一艘现代化航天测量船，该航天测量船上装备有性能先进的导航设备、遥测、通信和数据处理系统。我国共建造了多艘“远望号”测量船，它们先后参加我国洲际导弹全程飞行试验和多次航天试验活动。

在“神舟号”飞船空间试验活动中，4艘“远望号”航天测量船，同时守望在太平洋、大西洋、印度洋海面上，完满地完成了“神舟号”飞船的空间测量任务。

航天测量船

航天测量船，又称宇航测量船，是对航天器及运载火箭进行跟踪、测量、控制和数据传输的专用船舶，它的主要任务是跟踪和遥测各种中远程导弹、卫星和飞船等，精确测定其落点，回收弹头锥体、卫星仪器数据舱和飞船座舱等。航天测量船根据其使命和所装备的测量设备不同，分为主测量船和副测量船两种，前者担任主测量任务，后者担任次要测量任务。

## 航天测量船的秘密

航天测量船执行的是航天测量任务，必须有较高的定位精度，故船上装备有完善的导航设备，除了一般海船装备的光学导航设备、惯性导航设备、无线电导航设备外，还装备有卫星导航设备、声呐信标导航设备。这样，可以精确定位，保证航天测量精度。

航天测量船上的遥测系统使用的是性能优良的雷达系统，它由发射机、接收机、巨型抛物面天线和测距装置组成，它的工作距离可达几千到几万海里，能连续跟踪飞行中的导弹、卫星、飞船。遥测系统中的巨型抛物面天线用来接收空间飞行的导弹、卫星、飞船发出的数据信号，遥测系统能及时记录接收到的遥测数据，并转发给地面指挥中心。

航天测量船上的通信系统分为两部分：一部分是用于测量船上各部门之间的通信联络和数据传输；另一部分是用于测量船和地面控制中心及导弹、卫星、飞船之间的通信和数据传输。测量船与外部的通信联络使用高频无线电通信，传递地面指挥中心发给测量船、导弹、卫星、飞船的指令。现代测量船上装备有卫星通信终端设备，使地面指挥中心与测量船、导弹、卫星、飞船之间通信联络更为畅通。

航天测量船上的数据处理系统负责测量数据的综合处理，它利用计算机根据地面指挥中心发来的导弹弹道或卫星、飞船的飞行轨道数据，计算出跟踪数据，再根据测量船遥测系统测得的遥测数据，对空中飞行的导弹、卫星、飞船直接进行控制。

## “远望号”航天测量船

中国的宇航科技水平已经进入世界先进行列，航天英雄杨利伟从太空胜利返回，标志着我国的宇航事业进入一个新的阶段。这里有中国航天测量船“远望号”的一份功劳。“远望号”是中国航天远洋测控船队的测控船，中国目前拥有 7 艘远洋测控船，

分别命名为“远望 1 号”至“远望 7 号”。

“远望号”测量船是中国在 20 世纪 70 年代研制成功的现代化测量船。“远望 1 号”建成于 1977 年 8 月，“远望 2 号”建成于 1978 年 9 月。“远望 3 号”测量船是我国第二代综合性航天远洋测控船，“远望 4”号测量船已经退役。

21 世纪初，为了适应我国航天事业发展的需要，我国建造了两艘新一代测量船，它们分别是“远望 5 号”“远望 6 号”测量船。这两艘新型综合测量船上广泛采用 21 世纪初成熟的新技术、新材料、新工艺，使测量船功能有进一步扩展，整体性能有进一步提高。

“远望 7 号”是“远望号”家族的最新成员，于 2014 年 10 月 10 日开工建造，历时 18 个月建成。该船建造时充分吸收以往测量船建造使用经验，严格按照最新国际规范、公约要求，依据国标和行业标准，遵循“适用、可靠、先进、经济”的原则，采用了多项新技术、新工艺。

新一代“远望 7 号”测量船由于采用“中国精度”星基增强系统，无须任何外部通信链路，仅通过接受中国精度的卫星信号，即可实现单机厘米级定位精度。所谓“中国精度”，是针对我国拥有全部自主知识产权和控制权的北斗导航系统，北斗用户

在无须架设基站的情况下，在全球任一地点实现厘米级的高精度定位。这也是“远望 7 号”的技术亮点之一。该航天测量船安装的“中国精度”星基增强高精度定位设备，实现了全球任意位置上的厘米级定位精度。

2016 年 7 月 12 日，“远望 7 号”航天测量船在完成 60 余天的海上综合测控任务后，正式入列中国卫星海上测控部。这标志着我国航天远洋测控事业发展迎来新机遇新跨越，航天远洋测控能力将实现新突破，对我国航天测控网建设具有重大意义。

智博士

### “远望 7 号”航天测量船

“远望 7 号”是中国自主设计研制、具有国际先进水平的大型航天远洋测量船。总长 224.9 米，型宽 27.2 米，满载排水量近 2.7 万吨，自持力 100 天，它具有测控能力强、造型美观、安全性好、宜居性高、节能环保等特点。能在太平洋、印度洋、大西洋南北纬 60 度以内的海域执行任务，同时满足特定航道的航行要求。

# 航母的“超级保姆”

航母有“保姆”？有，还是“超级保姆”。航母有“保姆”，这是中国海军的独创！

在中国海军舰艇中，有一艘特色舰船“徐霞客号”，它的舷号是88，是一艘航母保障舰，是专门为中国航母配置建造的专用保障舰，它是中国航母的“超级保姆”。由于“徐霞客号”是目前世界唯一一艘航母保障舰，所以，它的诞生引人注目。

## 为何要给中国航母配超级保姆

美国有那么多航母，也没有配备航母保障舰，中国海军为何要为航母配备超级保姆？

美国没有配备航母保障舰是因为美国在世界各地有许多海外基地，美国航母就可以停靠在海外基地，在那里进行补给，让舰员休息。中国海军没有海外基地，“徐霞客号”航母保障舰就是为中国航母在建造、试航及使用过程中提供补给和后勤保障，也是舰员休息的场所。

在中国第一艘航母辽宁舰建造工作收尾阶段，有大量的工作人员和舰员要上舰，仅军方派出接收新舰的人员就数以千计，还有相关科研院所派出的参与大量科研任务等的各类人员。这样一来，辽宁舰汇集到大量人员，这些人的生活保障就成了问题，人员总规模太大，特别是进入海试之后，航母移换驻泊地，那么多的相关人员也得随行。

中国舰船科研人员设计、建造了“徐霞客号”航母保障舰，解决了航母补给、人员休息问题，省去了“辽宁号”从母港到外海的频繁奔波。这样大大提高了航母的列装速度。

“辽宁号”航母入列后，“徐霞客号”航母保障舰作为“辽宁号”航母战斗群的成员之一，它的主要任务有以下三项：第一，它是“辽宁号”航母编队舰员远海学习和休整的地

方；第二，它是航母战斗群的后勤保障设施之一；第三，它可以承担我国海外大规模的撤侨任务。

虽然，航母保障舰不能完全代替海外基地的存在，但可以减少航母对陆地基地的要求，可以通过邮轮海上轮换和陆上基地轮换的组合方式，提升整个航母作战群的战斗力。

## “超级保姆”啥模样

“徐霞客号”航母保障舰是一艘专门为中国航母配置建造的专用保障舰，全长达到 219 米，宽 28 米，吃水 8 米，满载排水量 23200 吨，动力为 2 台柴油机，2 轴推进，航速 17 节，最大航程 8000 海里。它作为航母保障舰、航母的伴随舰，可与航母相伴停泊，提供人员居住、休息等服务。它具备为 2500 人提供各种保障的能力，每天至少做 7500 份食物，即便出海，没有陆上物资供

应，可以连续运转21天，不仅食堂可以昼夜不休，还拥有各种生活保障设施。

航母保障舰“徐霞客号”上生活设施完善，有塑胶跑道、篮球场、健身房、散打擂台、网吧、超市等，而且设备相当先进，保证一流的服务，可以看成军用的“准豪华游轮”。它可以伴航于航母左右，保证保障工作不脱节，这对于提高工作效率有很大的帮助。

现代航母的远海训练，时间相当长，对于舰员们来说，长期在海上生活，枯燥无味。这时航母保障舰又可以发挥作用，为舰员提供一个休息的平台，对于没有海外基地的中国海军来说，价值就更显得重要了。

未来，中国将建造更多的航母，那么“徐霞客号”作为航母伴随舰，可以继续发挥相同的作用。中国海军航母编队远航时，它也可以加入编队，成为舰员远海休整船，充当后勤保障

的角色。

除了正常的任务之外，紧急的情况下，“徐霞客号”还可以执行海外撤侨的工作。因此，“徐霞客号”也是涉外事务的“形象大使”。战时，“徐霞客号”也可以充当人员输送舰，与货船合作，可以大规模输送部队。

智博士

### “海军保姆”与“航母奶妈”

航母保障舰是为保障海上作业舰船正常工作的辅助舰船，主要为舰艇、航母等海军舰船提供各种物资保障，包括生活用品、军用物资、舰船能源、人员装备等，是“海军保姆”，也是航母的“超级保姆”。补给舰是为海军舰艇、航母、海上基地提供水、油、食物等补给品，也是“航母奶妈”。

# 海上维修厂

海洋上有许多船舶在航行，有许多海洋建筑物在应用。海洋中的船舶和海洋建筑物需要维护保养，出了故障，需要维修。海洋里需要维修船舶和海洋建筑物的工厂，自航浮船坞就是浮动的“海上维修厂”。

## 浮船坞有啥用场

浮船坞有啥用场？先来说一个故事。

2019 年 3 月的一天，挪威的重载半潜运输船“鹰号”抵达美国彭萨科拉的英格尔斯造船厂。船厂码头上，停靠着美国海军一艘全新的驱逐舰。“鹰号”半潜运输船在对接和卸载时，不小心碰到了美国海军这艘驱逐舰。

这一下闯了大祸！

原来，“鹰号”半潜运输船上装着一个“大家伙”——中国造的巨型浮船坞，它是从中国买来的。“鹰号”半潜运输船从青岛出发，横跨太平洋经过漫长的旅途才到达这里，浮船坞还没有交给造船厂，就发生了撞舰事故。而且，从中国购买浮船坞是为了用来维修舰船的，造船厂里有一堆美军驱逐舰在等着维修。在相撞时刻，半潜运输船上装着的巨型浮船坞也受到损坏，也需要修理。

浮船坞，是一种用于修、造船的工程船舶。它不仅可用于修、造船舶，还可用于打捞沉船，通过浅水航道运送深水船舶。

浮船坞构造特别，是一种槽形平底船，有一个巨大的凹形船舱，两侧的坞墙和坞底均为箱形结构，沿纵向和横向分隔为若干封闭的舱格，有的舱格是水舱，用来灌水和排水，使船坞沉浮。船舱的作用除保证浮性外，还能支撑船舶。坞墙的作用是保证船坞具有必要的刚度和浮游稳定性，并提供生产所需的空间。

浮船坞一般为钢结构，需要定期维修，也有用钢筋混凝土制造的浮船坞。浮船坞上布置有电站、机工、电工及木工等车间，用于修船作业。现代建造的浮船坞的自动化和电气化程度较高，船坞的浮沉是由中央指挥台操纵的。

## 世界首个自航式浮船坞

20 世纪 70 年代，中国海军就计划建造潜艇修理舰、浮船坞，组成前线保障基地，其提供后勤保障。

“黄山号”浮船坞是我国首个浮船坞，于 1974 年建成的。全长 190 米，高 15.8 米，宽 38.5 米，它能抬起 25000 吨重的海轮进行维修。

20 世纪 90 年代以后，我国造船工业在浮船坞技术方面取得了长足进步；21 世纪初，中国造船工业不断刷新浮船坞的吨位纪录，中国船厂建造了 30 万吨级的“大连号” 浮船坞。此后，这个纪录又被打破了，中远船务公司为韩国建造了 50 万吨级浮船坞，国产浮船坞已经出口到多个国家。2000 年，美国也采购了中国生产的浮船坞，用于制造、维修美国水面舰艇，多艘美国海军新型舰艇就是从中国生产的浮船坞下水的。

为了提高中国海军的远海作战能力，增强中国海军远海后勤维护保障能力，中国海军设计、建造了新型自航式浮船坞。“华船一号”自航式浮船坞就是这样发展起来的。

2012 年 12 月，“华船一号”自航式浮船坞正式装备中国海军，它是世界首个自航式浮船坞，配备有发动机，还有自航能

力，可以自行开赴海区，甚至还有动力定位功能。“华船一号”自航式浮船坞具有更好的环境适应能力，有利于在远海进行作业。它与民用浮船坞相比，除了配备船舶修理、维护设备，还设置有特种装备维修工作间、电气修理间、钳工修理间、机械修理间等。在它的左右舷交错布置 4 台固定式起重吊车，起吊范围覆盖整个抬船甲板，可以满足舰船修理吊装的要求。

针对军用浮船坞的特点，“华船一号”自航式浮船坞配备有相应的系统，如指挥自动化系统终端，必要的时候，可以联入海军自动化指挥系统，到达指定位置，对战损或者故障舰艇进行修理。它还可以配备武器，具备一定的自卫能力，提高战场上的生存能力。

与海军此前装备的浮船坞相比，“华船一号”自航式浮船坞的尺寸更大，可满足海军大型驱逐舰、护卫舰、综合补给舰等多型水面舰艇和潜艇及部分辅助船的计划修理保障，也可以对 3 万吨级以下民用船舶进行修理。战时结合海军舰船使命的要求，可靠前机动保障，航行到指定海域对战损舰船进行紧急抢修、抢救工作，抢修机动性强，又可以作为运输船舶使用，承担运载任务。

据中国船舶科学研究中心介绍，"华船一号"自航式浮船坞可以停靠1000吨级船舶，维护并修理渔船、发电、淡水储存及供应、海水淡化、雨水收集、存储装备及供给。衍生型浮动船坞采用半潜式钻井平台，可依靠自身动力移动。

智博士

### 船舶维修时，如何进入浮船坞呢？

先在浮船坞水舱内灌水，使浮船坞内水深满足进坞船只吃水要求时，用设在坞墙顶上的绞车将待修船牵引进坞。同时，将待修船舶对准中心轴线后，四面系缆固定。然后，抽去浮船坞水舱内的水。此时，使船坞上浮，直至坞底板顶面露出水面。这样，待修船舶也随着坞底板露出水面。于是，便可开始船舶维修工作。

# 大洋科考活动的尖兵

地球表面七分之三的面积是海洋，海洋是一个蓝色的宝库，蕴藏着丰富的资源。随着地球陆地资源日渐减少，人们自然把眼光投向了海洋，开发海洋资源。要开发海洋资源，就先得进行海洋调查，了解海底地质构造、水文状况、气象条件及海水活动规律，还得弄清海洋生物特点、水产，以及矿产资源的储藏量和分布情况。

人们开发海洋资源，就得进行大洋科考活动。海洋调查船和科考船就是用来进行海洋调查和科学考察活动的，是大洋科考活动的尖兵。

## “向阳红”船队创造的“中国第一”

中国是一个海洋大国，海洋大国要成为海洋强国，大洋科考是必然的选择。

中国第一艘海洋调查船——“金星号”是一艘改装的以海洋科学考察为主要使命的海洋综合考察船。“金星号”建成于1957年，满载排水量1700吨，设有物理、化学、生物、地质等6个实验室和1个气象观测室，可分别进行海洋的各项研究。

1957年，“金星号”离开青岛港，驶往渤海，正式开始我国有史以来的第一次综合性海洋调查。中国科学院从事海洋科学研究的考察队随同出海，这是我国首次对海洋、海产进行的系统调查研究，揭开了我国海洋研究工作崭新的一页。

1960年10月，“水星号”海洋调查船作为中国自行设计制造的第一艘海洋考察船，在上海求新造船厂制造完成，并投入使用。

20世纪60年代前半期是中国海洋考察船队飞速发展的时期。从1961年到1966年，中国自行设计建造海洋考察船20余艘，著名的有“实践号”“东方红号”“奋斗号”等。中国的大洋科考活动由此开创。

20世纪70年代初，“长宁号”远洋货轮被改装成一艘大型远洋综合考察船“向阳红5号”。1976年3月30日，“向阳红5号”和“向阳红11号”，组成中国首次远洋考察编队，赴南太平洋某特定海域进行科学考察。

这是一次意义非凡的远航，在向阳红编队首航太平洋的一百多天里，创造了多项“中国第一”：第一次走出中国海，第一次进入太平洋，第一次通过赤道，第一次经历南北半球，第一次横跨东西半球，第一次获得大洋科考的确切资料。

## “大洋一号”发现了“黑烟囱”

“大洋一号”是从苏联引进的一艘综合性远洋科学考察船。作为中国开展远洋科学调查的主力船舶，“大洋一号”自1995年开始执行我国大洋矿产资源调查研究，也首次完成了环球科考的任务。

2005年4月2日，“大洋一号”科学考察船从青岛起航，开始执行我国首次横跨三大洋的科学考察任务。这一年正逢纪念郑和下西洋600周年，郑和是我国伟大的航海家，七下西洋，在世界航海史上留下了光辉的一页。600年后的“大洋一号”进行环球考察，探索海洋奥秘，以实际行动为人类和平利用海洋做出贡献。

“大洋一号”在海上漂泊了近300天，横跨太平洋、大西洋、印度洋，总航程约6万千米，胜利完成我国首次环球科考任务，实现了我国第一代海洋人提出的“查清中国海、进军三大洋、登上南极洲”的宏伟目标。

2010年12月8日，“大洋一号”在广州起航，执行我国大洋第22航次环球科考任务，经历9个航段，调查区域涉及印度洋、大西洋和太平洋三大洋。这次大洋环球科考开展了海底多金属硫化物、多金属结核、深海环境、深海生物基因和深海生物多样性等多项调查工作。经过科考队对多个目标区进行长时间、大跨度的海洋调查和考察，取得了丰硕的科研成果。

在这次环球大洋科考中，有一个重大收获是发现十多个“黑烟囱”。所谓“黑烟囱”是指海底富含硫化物的高温热液活动区，因热液喷出时形似“黑烟”而得名。

科考人员在此航次中共发现16处海底热液区，几乎占我国已知海底热液区的一半，包括南大西洋5处、东太平洋11处。海底热液活动区中的热液硫化物是目前日益受到国际关注的一种海底矿藏。它的成因在于海水从地壳裂缝渗入地下，遇到熔岩被加热，溶解了周围岩层中的金、银、铜、锌、铅等金属后又从地下喷出。这些金属经过化学反应形成硫化物沉积到附近的海底，像“烟囱”一样堆积起来。这些“黑烟囱”的发现，为国际大洋中脊和现代海底热液活动的研究翻开了崭新的一页，也为未来海底

矿藏资源的开发利用提供了有价值的资料。

2011 年 12 月 11 日，“大洋一号”科考船历时 369 天，航行 6 万多海里，圆满完成我国最大规模环球大洋科考任务，返回青岛母港。在中国航海史上，“大洋一号”科考船创造了一个奇迹，完成了我国最大规模的环球大洋科考任务，成为新时代大航海的起点。

智博士

### “大洋一号”科考船

“大洋一号”是中国第一艘现代化的综合性远洋科学考察船，也是我国远洋科学调查的主力船舶。它是由苏联基辅造船厂建造的。1994 年，中国从俄罗斯引进并改装，命名为“大洋一号”，船长 104.5 米，宽 16 米，排水量 5600 吨。从 1995 年至今，它先后执行了多个远洋调查航次和大陆架勘查等调查任务。

## “科学号”给海底“量体温”

“科学号”是一艘国内综合性能最先进的科考船，配备了“十八般兵器”，包括无人缆控潜水器、深海拖曳探测系统、重力活塞取样器、电视抓斗、岩石钻机和万米温盐深仪等先进的深海探测和取样设备。它具有全球航行能力和全天候观测能力。

“科学号”科考船于2010年10月28日开工建造，2011年11月30日下水，2012年6月14—6月20日进行了海上航行试验。至2015年3月航行里程超过5万海里，航次涉及南海成因演化、西太平洋地质、气候及海山环境调查等。

2015年2月9日，“科学号”科考船在西太平洋雅浦海沟附近海域投放热流探针，以获取海底热流信息。科研人员将其比喻为给海底“量体温”。“量体温”所使用的“体温计”是一根长7.5米、重965千克的热流探针。从“科学号”后甲板处由钢缆放入海底后，凭借额外增加的500千克配重，这支“体温计”可以插入亿万年来形成的海底沉积层中。

2015年11月15日，“科学号”完成了热带西太平洋主流系和暖池综合考察航次，开创了单一科考航次布放、回收深海潜标套数和观测设备数量最多的世界纪录。并且“科学号”初步建成了热带西太平洋潜标观测网 。2017年1月2日，“科学号”在完成2016年热带西太平洋综合考察航次后，返回青岛母港。

2018年11月5日，“科学号”科考船圆满完成国家自然科学基金委“2018年西太平洋开放共享航次”的科考任务，顺利返回青岛母港。该航次历时31天，行程5600余海里，搭载了国内多个单位的25个国家级科研项目。

2019 年 5 月 18 日，“科学号”科考船驶离青岛母港，开始对全球最深海沟——太平洋马里亚纳海沟的多学科综合考察。中国科研人员计划在未来几年对西太平洋进行持续研究，通过热流探测、岩石取样等手段了解深海岩石圈构造特点，以便加深对太平洋板块结构和海山演化的认识。

智博士

### “科学号”科考船

“科学号”科考船是一艘目前国内综合性能最先进的科考船，具有全球航行能力及全天候观测能力。该科考船船长99.8米、宽17.8米、深8.9米，排水量约4600吨。在12节航速下，续航力15000海里，最大航速可达15节，能在海上自给自足航行60天。船上配有先进的可控被动式减摇水舱系统，能够抵御12级大风。

# “海上浮动油库”

2010年1月25日，珠江口海面上出现了一个庞然大物——超大型油轮“新埔洋号”。这是我国自行设计建造的超大型油轮，它在多艘海巡船和拖轮的协助下，从广州南沙港起航，前往中东地区，装运石油。

超大型油轮专门用来运输油料，是巨大的“海上浮动油库”。

## 为何要建造“海上浮动油库”

在货运船舶中，专门用来运输原油和石油制品的是油轮。

油轮大小不同，小的有一两千吨，大的可达几万吨、几十万吨。根据大小不同，油轮可划分为不同的型号，那些超过16万吨的油轮称为超级油轮，而25万吨以上的油轮称为超大型油轮。超级油轮和超大型油轮都是海上的庞然大物——“海上浮动油库”。

“海上浮动油库”是怎样出现的？

第二次世界大战后，随着海上货运量迅速增加，各种货运船舶向着大型化的方向发展，尤其是油轮吨位，越来越大。

1952年世界上最大的油轮还只有3万吨级，到1959年油轮吨位已经超过了10万吨级，1966年则超过了20万吨级，1968年最大的油轮达到了30万吨，1973年增至47万吨，到1976年法国建造的“巴蒂吕斯号”超级油轮载重量竟达到了55万吨。世界上最大的油轮是“诺克· 耐维斯号”，是世界造船历史上最大的船舶，排水量为82万吨。作为“海上浮动油库”的超大型油轮就这样出现了。

为何要建造“海上浮动油库”？

原来，超级油轮、超大型油轮在技术上、经济上，比中小型油轮更具优越性。

首先，油轮的载重量并不与其尺度成正比例。在大幅度增加载重量时，油轮的主尺度增加并不多。例如，25万吨级油轮与万吨级油轮相比，载重量增加4倍，但其长度只增加50%，宽度、吃水则分别增加70%、60%。这样，建造大型油轮可以节约钢材用量。例如，建造一艘 20 万吨级超级油轮需要钢材量 2.7 万吨，而建造 4 艘 5 万吨级油轮需要钢材量 4.4 万吨，比建造一艘 20 万吨级超级油轮多用了 1.7 万吨钢材。

第二，超级油轮、超大型油轮维持一定速度所需主机功率相对较小。例如，一艘 25 万吨级超级油轮要维持 16 节速度航行，所需主机功率为 3.5 万马力，要是建造 2 艘 10 万吨级和 1 艘 5 万吨级油轮，总载重量也为 25 万吨，要维持 16 节速度航行，所需主机总功率为 6.3 万马力。

由于上述两个原因，超级油轮、超大型油轮的造价和运输成本比中小型油轮要低。有人做了统计，建造 25 万吨级超级油轮与建造 5 万吨级中型油轮相比，每载重吨造价可降低 35％，单位运价可降低 43％。而且，超级油轮吨位越大，每载重吨造价和单位

运价降低更多。正是这样的原因，油轮向着大型化方向发展，吨位越来越大，出现了超级油轮、超大型油轮。

那么，油轮是不是造的越大越好呢？

答案是否定的！由于海上航道、水深是有限制的，特别是海峡深度，限制了“海上浮动油库”的发展。例如，英吉利海峡对油轮吃水的限制是 22 米，马六甲海峡吃水限制为 23 米。所以，世界上最大油轮虽然超过了 50 万吨，但是，大多数油轮的吨位还是选择了 20~30 万吨级为适宜的吨位。

无论是超级油轮，还是超大型油轮，它们的形状、构造都颇为特殊，为了增加载重量多半采用较为丰满的线型，船体肥胖；为了降低运输成本，它们均采用球鼻首；为了防止油料流动，冲击船体，船上有纵横隔壁将油轮隔成十多个密封舱室，互不相通，可防止油料流动，冲击船体；为了防止油料污染海洋，在超

级油轮、超大型油轮上设有专门的压载水舱装载压载水。它们的甲板上没有吊杆、吊车、起重机等吊装设备，油料靠油泵通过专门管道装卸。

随着电子技术及自动化技术的迅速发展，“海上浮动油库”的自动化程度越来越高。不少超级油轮、超大型油轮实现了机舱主机、辅机的自动控制和遥控，货舱的油料储存系统也实现了自动控制和遥控。所以，“海上浮动油库”吨位虽大，船员并不多，一艘二三十万吨的超级油轮上也只有二三十名船员。

## 中国制造的“海上浮动油库”

我国是一个需要进口原油的国家，这就需要海上浮动油库——超级油轮。在世界的三大洋里，可以看到中国超级油轮活跃的身影。

“新埔洋号”油轮是我国自主研发、设计并拥有独立知识产权的超级油轮，全船长333米、宽60米，庞大的甲板比3个标准足球场还大，还设有直升机停降平台。甲板面至船底深29.8米，货舱深达27米，满载货物量相当于150列40节火车的运量。上层建筑高6层，该船可装载原油30.8万吨，满载总排水量35万多吨。

“新埔洋号”这艘超大型油轮满载时航速超过30千米，从广州到中东原油港航期只需20天。该船装有超大功率的驱动离心泵，24小时就可把30万吨油品卸完。

这艘超大型油轮上，配备多种世界先进的驾驶与导航设备，并配有先进的电子海图。整艘油轮纵向和横向运动速度都能即时显示，预先设计的航路数据令这艘海上巨无霸能自动转向航行，因此即便穿越惊涛骇浪，也能实现24小时机舱无人值班与自动导航。

同时，“新埔洋号”超大型油轮上配有10多门消防高压水炮，射程30多米，足以打翻来袭的海盗船。该艘油轮上还配备有其他消防器材，如燃烧瓶、高压水枪、太平斧等。这些消防设备和器材在必要时，都可以成为对付海盗的武器。此外，船员们还会针对性地做各种应急训练，可对海盗进行还击。

“新埔洋号”配有健身房、乒乓球室、文体活动室，供船员航行途中休闲娱乐。船员的房间内备有多条海鱼钓鱼竿，在海上抛锚漂航时，船员可休闲垂钓。厨房配有各种烹调设备，比豪华邮轮设备还多，船员可以在无烟状态烹饪海鲜大餐。

超级油轮上还配备先进的淡水造水机，每天可通过海水淡化产生30吨生活用水，船员日常用水无忧。

“新埔洋号”加入我国原油运输船队后，成为我国运输船队中的一支重要力量，将为祖国的能源运输事业做出贡献。在未来，我们将会看到更多的中国制造的“海上浮动油库”的身影。

油轮的分类

油轮是运载原油和石油制品的船舶。油轮根据大小不同有不同型号：那些超过 16 万吨的油轮称为超级油轮，而 25 万吨以上的油轮称为超大型油轮；苏伊士型油轮是指在满载状况下可以通过苏伊士运河的油轮，载重吨在 13~15 万吨；8~11 万吨的油轮称为阿法拉型油轮；巴拿马型油轮是以巴拿马运河通航条件为上限规定船宽、吃水的油轮，载重吨在 6~8 万吨之间；2~5 万吨的油轮称为灵便型油轮；2 万吨以下的称为小型油轮。在各种油轮中，巴拿马型油轮的数量最多，成为油轮家族中的中坚力量。

# 海上超级冷冻车

天然气是蕴藏于地层中的烃类和非烃类气体的混合物，通常指油田气和气田气。它是优质燃料和化工原料，主要用途是做燃料，也是现代工业的重要原料。

液体燃料与固体燃料可以装入容器内，通过高速公路、铁路或海运等方式运到市场需要的地方。天然气是气体，气体燃料远

比固体燃料煤炭和液体燃料石油更加难以运输，而且运输费用也要高得多。

船舶怎么运输天然气呢?

## 海上超级冷冻车

船舶运输天然气，先要将天然气液化，这样，天然气体积大地大被压缩了。液化天然气可以通过船舶进行海上运输，运输液化天然气的船舶是液化天然气船（“LNG 船”）。

中国是个造船大国，又是天然气资源需求急速增长的国家，自然要制造液化天然气船。液化天然气船是国际公认的“三高”产品：高技术、高难度、高附加值，它是在约零下 160 摄氏度低温下运输液化气的专用船舶，是一种“海上超级冷冻车”，被喻为世界造船业“皇冠上的明珠”，现在世界上只有美国、中国、日本、韩国和欧洲的少数几个国家的部分船厂能够建造。

作为“海上超级冷冻车”的液化天然气船和一般货船不同，也和油轮不同。液化天然气船的船体构造特殊。制造这种船舶的材料要能适应低温环境，液化天然气船的液货舱要用昂贵的镍合

金钢或铝合金制造。在液货舱和船体结构之间有优良的绝热层，既可防止船体结构过冷，又可使液货的蒸发量维持在最低值。液货舱和船体外壳还需保持一定的距离，以防在船舶碰撞、搁浅等情况下受到破坏。

由于液化天然气船装载的液化天然气易挥发、易燃，所以装载液化天然气的液舱要求有严格的隔热结构，能保证液舱恒定低温。常见的液舱有球形和矩形两种形状，但也有少数液化天然气船将液舱的形状设计成菱形或圆筒形。

液化天然气船的船体大小通常受到港口码头和接收站条件的限制，这样，液化天然气装载量也受到一定限制。最常用的装载量是12.5 万立方米，最大的液化天然气船装载量已达到 20 万立方米。

液化天然气船按液货舱的结构形式可分为独立储罐式和薄膜式。独立储罐式液化天然气船是将柱形、罐形、球形等形状的储罐，放置于船内；薄膜式采用双壳结构，内壳就是液货舱的承载壳体。薄膜式液化天然气船的优点是容积利用率高，结构重量轻，因此新建的液化天然气船都采用薄膜式结构。

从船上卸载的液化天然气，要经再气化装置将液化天然气加热使其变成气体后，经管道输送到用户。

## 中国制造的液化天然气船

20 世纪 80 年代以后，随着日本、韩国相继成为世界第一、第二大液化天然气进口国，日本和韩国船厂先后从欧洲船厂引进了独立液货舱型和薄膜型液化天然气船的建造技术及建造专利，并分别于 80 年代初期和 90 年代初期开始建造液化天然气船。液化天然气船舶建造中心已由欧美转向亚洲。

中国作为造船大国，在 2000 年以后逐步具备了液化天然气船的建造能力，并加入液化天然气船建造市场的竞争。

中国制造的第一艘液化天然气船是“大鹏昊号”，它是由中国船舶工业集团公司所属沪东中华造船有限公司建造的。该船于 2004 年 12 月 15 日开工建造，2005 年 12 月出坞，2008 年 4 月顺利交船。它是世界上较大的薄膜型液化天然气船，船长 292 米、宽 43.35 米、型深 26.25 米，装载量为 14.7 万立方米，时速 19.5 节。“大鹏昊号”成为国内第一个进口液化天然气大型基地配套项目。

我国制造的第二艘液化天然气船是“大鹏月号”，也是沪东中华造船有限公司建造的，它是世界上最大的薄膜型液化天然气船。

我国的液化天然气用户主要有：城市居民用燃气，商业、公用事业等行业用气，中小型工业用气以及机动车替代燃油用气。随着城市的发展，液化天然气的需求量在快速增加。由于以气代油在建材、冶金、医药、轻工等行业中迅速推广，使得中国液化天然气市场需求量在迅速扩大，这为中国液化天然气船行业的发展提供了基础。

正是中国液化天然气船拥有巨大的市场潜力，使得越来越多的国内造船企业开始进军液化天然气船领域。但是，国内液化天然气船制造技术与日韩等先进液化天然气船制造技术还存在一定的差距。努力突破并掌握液化天然气船制造的核心技术，才是在日益激烈的全球液化天然气船市场竞争中占得一席之地的法宝。

智博士

液化天然气船

液化天然气运输船简称“LNG船”，是用于运输液化天然气的货物船舶。由于液化天然气的主要成分是甲烷，为了便于运输，通常采用在常压下极低温（约零下160摄氏度）冷冻的方法使其液化。

# 海洋上的“大块头”

一个现代化的港口，码头上停靠着一艘艘装满货箱的船舶，起重机把一个个货箱吊往码头，在码头再把货箱装上车辆，运往世界各地。有的货箱被吊上货船，运往世界各地的港口。

这便是集装箱运输码头最平常的一幕。集装箱运输是一种新颖的货物运输方法，被广泛地应用于公路、铁路和水上运输。专门进行集装箱运输的船舶便是集装箱船。

## 什么是集装箱运输

集装箱运输以集装箱为载体，将货物分成一个个集装单元，运用大型装卸机械和大型载运车辆进行装卸、搬运作业，完成运输任务。集装箱运输可以实现货物“门到门”运输，这是一种新型、高效的运输方式。

利用集装箱进行货物运输有许多优点：

第一，可以节约装卸劳动力，减少运输费用。一般货船采用单件或小型组合件形式装运，费力又费时。集装箱船采用国际统一规格的集装箱运输货物，打破了一捆、一包单件装卸的传统形式，大大减轻工人的劳动强度，加快了装卸速度，减少了人工装卸费用。

第二，集装箱船运输，可以减少货物在运输途中的损耗和损失，保证运输质量。这是因为货物在工厂里就被装进一个个集装箱里，中途经公路、铁路、水上运输，均不开箱，可把货物直接运到用户手中，还可节约包装费用。

第三，集装箱船装卸效率高。一艘集装箱船的货物装卸速度大约是相同吨位的普通货船的 3 倍左右，而大型高速集装箱船的装卸速度差不多是同吨位普通货船的 4~5 倍。这样，可减少船舶停靠码头的时间，加快船舶周转，提高船舶、车辆及其他交通工具的利用率。

## 集装箱船的优点

集装箱船不同于一般的货物运输船舶，是为了装载集装箱而设计、建造的海洋货物运输船舶。集装箱船设置有专门放置集装箱的船舱，甲板上也可堆放集装箱。为了便于集装箱的装卸，船舱舱口开得又宽又长，集装箱可以直接被吊入货舱。

由于集装箱的种类不同，集装箱船舱内设备也不一样，如放置冷冻集装箱的舱室，安装有冷冻设备；放置保温集装箱的舱室，安置有加热设备；堆放装有化学危险品集装箱的舱室，安装有防爆、防泄漏等安全设备。

为了保证船舶的航行安全，不同重量的集装箱放置在不同的位置。最重的集装箱被放在下层，次重的放在中间，较轻的放在上层。通常，集装箱货舱里可堆放 6~7 层集装箱，甲板上也可堆放多层集装箱。为此，集装箱船的甲板需用高强度钢板制造，甲板上还装有集装箱固定装置。

集装箱船的机舱通常设置在船尾，居住舱、驾驶舱设置在机舱上面。这样，机舱前的甲板上可堆放更多的集装箱。为了保证空载航行的安全，集装箱船的两舷和底部，设置有压载水舱。在装卸集装箱时，通过装卸压载水来保持平衡。一些集装箱船采用

球鼻形船首，一些集装箱船上还设置有防摇水舱，在船舷外侧装有防摇鳍，以减少风浪的影响。

集装箱船速度快，每小时可航行 20 海里。一些大型远洋集装箱船速度更快，每小时超过 30 海里。

基于集装箱运输的众多优点，集装箱船才得以迅速发展。同时，集装箱船的出现，对港口、码头又提出了新的要求。于是，码头上出现了传送带、货架搬运车、铲车，以及各种形式的装卸机，还出现了专门停靠集装箱船的码头。集装箱船码头又长又宽，可停靠各种类型的集装箱船。

现代集装箱船为了装得更多，跑得更快，正向着大型化、高速化、多用途方向发展。我国的集装箱船研制虽然起步较晚，发展速度却很快。我国建造了许多集装箱船，大力发展集装箱运输。光是上海港就开辟了几十条国际集装箱班轮航线，集装箱月吞吐量超过 100 万标准箱。上海港已经是世界上集装箱吞吐量最大的港口之一。

中国上海生产的集装箱装卸机械也达到了国际先进水平，在世界各大港口被广泛采用。经过 40 多年的发展，我国已经拥有规模化及现代化程度位居世界前列的集装箱船队。其中，中海集运

跻身全球集装箱班轮公司前十名。

近年来，我国还出口集装箱船，在世界各地的海洋上都可以见到我国建造的集装箱船的身影。我国集装箱装卸机械、集装箱船舶的制造、大吨位集装箱码头的建造、集装箱远洋船队的建立，以及国际集装箱枢纽港的建设，都得到迅速发展，这标志着我国的集装箱运输体系建设已经进入世界先进行列。

智博士

### 集装箱种类

集装箱是指具有一定强度、刚度和规格，专供周转使用的大型装货容器。

集装箱种类很多，按所装货物种类分杂货集装箱、散货集装箱、液体货集装箱、冷藏箱集装箱等；按制造材料分，有木集装箱、钢集装箱、铝合金集装箱、玻璃钢集装箱、不锈钢集装箱等；按结构分，有折叠式集装箱、固定式集装箱等，固定式集装箱还可分密闭集装箱、开顶集装箱、板架集装箱等；按总重分，有30吨集装箱、20吨集装箱、10吨集装箱、5吨集装箱、2.5吨集装箱等。

# 海洋上的“高头大马”

海洋运输船舶中有一种高大的船舶，叫“滚装船”。它有好几层甲板，被誉为海洋上的“高头大马”。

## 滚上滚下的货船

人们在使用集装箱船的过程中，发现装卸集装箱很不方便，要动用许多吊货装置和起重设备。这时，人们想起了汽车轮渡，汽车可以直接装在渡船上。于是，有人设想将集装箱的装卸方式改为用运货车辆直接上下集装箱船，将货物装卸方式从吊上吊下改为水平方向的作业。这样就可以省去许多装卸、起重设备，简化装卸程序，集装箱船也可以在一般码头停靠，不需要对港口码头进行大规模改造。

这样滚装船就出现了。

滚装船除了装载集装箱外，还能运载特种货物。有专门装运钢管、钢板的钢铁滚装船，有专门装运铁路机车车辆的滚装船，还有装运汽车、石油钻探设备、农业机械设备的专用滚装船。滚装船可以混装多种物资，进行海上货物运输。滚装船还可以用于运送军事设备和军用物资。

世界上第一艘滚装船是美国于 1958 年建造的“彗星号”。1966 年，丹麦建成了北欧第一艘滚装船“苏墨赛特号”。由于北欧地区海岸的潮差较小，公路运输网密集，利用滚装船可构成海上运输和公路运输的集成运输系统，所以滚装船在北欧得到迅速发展。之后，世界海运发达国家也开始建造、使用滚装船。

在中国的海上航线，滚装船的应用也很多，在烟台—大连、海口—湛江等轮渡口岸都有广泛的应用。

## 滚装船的构造和特点

滚装船作为一种新颖的海洋运输船舶，和其他海洋运输船舶不同，无论是船的外形、内部结构、舱室布置及装置设备都独具一格。

滚装船又叫开上开下船，船上没有货舱口，也没有吊杆和起重设备。它的船尾高高地竖立着一块大跳板，船舶停靠码头后，放下跳板，装有集装箱的运货车辆就可顺利开上、开下，进行集装箱装卸作业。滚装船上的运货车辆不仅可从船的尾部进出，还可驶到船舱的各层甲板，进行集装箱装卸。

从船的外形来看，滚装船船型高大，有数层甲板。由于滚装船的货舱容积利用率比一般货船低，要装运一定重量的货物，就得增加船的长度、宽度和高度。所以，和同吨位的一般货船相

比，无论船长、船宽、吃水和排水量都比货船大，是海洋上名副其实的“高头大马”。

从船的构造和舱室布置来看，滚装船很特别，它的首部装有球鼻，中部线型平直，尾部呈方尾状。它的机舱设置在船尾部，居住舱设置在船首部，船体中部是一个大货舱。为了多装货物，居住舱下方的甲板也用来装载集装箱。

滚装船上有的货舱像陆上的仓库。在货舱内有多层甲板，运货车辆由斜坡道进入货舱，或由大型升降机来堆放集装箱。为了充分利用货舱容积，在滚装船货舱中设置有活动平台。平时，活动平台可贴着舷侧翻起，或者升起置放于上层甲板下；需要时，才将活动平台放下，可把货舱分隔成 2~3 层。

滚装船上最独特的设备是跳板，跳板是架设于船舶与码头之间的桥梁。跳板大多设置在船尾，也有设置在船首和舷侧的。跳板的形式有三种：直跳板，沿船的长度和方向设置，宽度接近于船宽，车辆可以上下交替行驶；斜跳板，它与船体中心线成夹角，由几节跳板组成；旋转跳板，可向船的两侧旋转一定的角度，可在船舶任何一侧使用。

在滚装船上用来装卸集装箱的设备有装卸车和升降机。装卸车分拖车和叉车两种。拖车用来载运集装箱，只有底盘和车架。拖车可与集装箱一起固定在货舱的规定位置，呈纵向排列，便于进出。叉车既可用于集装箱的装卸，也可用于集装箱的载运。

升降机专门用于升降集装箱或升降装有集装箱的车辆，它的底盘尺度与集装箱及拖车、叉车一致。

为了避免船舶摇摆时，集装箱或装有集装箱的拖车发生移动和碰撞，在滚装船的货舱甲板上设置有定位器，用于固定集装箱或拖车。固定集装箱的定位器有插销式和旋锁式。固定拖车的定位器有固定导板、三角支架、框形托架，及制动链。为了减少船舶摇摆，滚装船上设有防摇水舱及其他防摇设备。

为了改善操纵性能，滚装船上装有侧向推进器，它是一种可以向任何方向旋转的螺旋桨，可装在船尾，也可装在船首，使滚装船操纵灵活，可原地转弯。

滚装船与集装箱船一样，装卸效率高，能节省大量劳动力，

减少船舶停靠码头的时间，提高船舶和码头利用率。

滚装船还有比集装箱船更胜一筹的地方，那就是码头上不需要起重设备，增添装卸设备，也不需要大规模改造、扩建码头。

由此可见，滚装船具有广阔的应用前景。

### 最大的汽车滚装船

世界上最大的汽车滚装船是中国厦门船舶重工为欧洲建造的“礼诺·目标号”，它共有14层装车甲板，能装载8500辆汽车，还可以容纳翻斗拖车、公路拖车等重型工程车辆，容量大得惊人。该滚装船装备一系列环保装置，能减少对环境造成的污染，且主机燃油消耗较低，可有效降低船运成本。

# 载驳船与载驳运输

第二次世界大战后，美国海军就建造了一种船坞登陆舰，可载运小型登陆艇，登陆艇可以直接从船坞登陆舰的坞室里驶出来。造船师由此受到启发，创造了一种能载运货物的载驳船，也创造了利用载驳船运输货物的方法。

## 什么是载驳运输

载驳船，又称子母船，是载运货驳的运输船舶。利用载驳船运输货物的方法就是载驳运输。

载驳运输和一般海洋运输方法不同，不是把货物一件件、一包包、一捆捆装上海船，而是将货物装在货驳上，这些货驳，即称为“子船”，可以在不同地点装货，再把货驳拖到海港，装上载驳船，即称为“母船”。载驳船运至中转港口后，将货驳卸下，由内河推船分送至目的港，卸下货物，等待下一次的运输任务。

载驳运输和集装箱运输有些类似，载驳运输是把货物装在货驳上，而集装箱运输是把货物装在集装箱里。这些货驳亦可视为能够浮于水面的集装箱。

一艘大型载驳船（母船）可以运载一批货驳（子船），同一艘母船上的货驳是相同规格的。一艘载驳船可运载几十艘货驳。其运输过程是将货物先装载在统一规格的货驳上，载驳船将货驳运抵目的港后，将货驳卸至水面，再由拖船分送到各自的目的地。

载驳运输的优点有很多：不受港口条件限制，不需要复杂的码头设备；货种适应性强，装卸速度快；不需要中转、倒装，可实现海河联运。其缺点是造价高，需配备多套驳船以便周转，还需要泊稳条件好的宽敞水域，较适宜于货源比较稳定的河海联运航线。

载驳船、集装箱船、滚装船，这三种新颖的海洋运输船舶，构成了现代化的海上运输系统。

## 载驳船的分类

按装卸驳船的方式不同，载驳船可分为门式起重机式载驳船、升降式载驳船和浮船坞式载驳船。

门式起重机式载驳船，在船的两舷侧面铺设轨道，用门式起重机在船尾装卸驳船；升降式载驳船，在船尾设有升降平台装卸驳船，并备有输送车运送驳船到固定位置；浮坞式载驳船，子驳进出，既不是由门式起重机吊进吊出，也不是利用升降平台的升降进出，而是利用载驳船（母船）沉入一定水深，用浮船坞方式使驳船浮进浮出，进行驳船装卸和运输。此种载驳船不需配备起重设备，但需在水深较大的水域中作业。

按船型特点，载驳船分为“拉希式”载驳船、“西比式”载驳船、“巴卡特型”载驳船三种。

“拉希式”载驳船，又叫普通载驳船，是数量最多的一种载驳船。船型特点是单层甲板、无双层底，舱内为分格结构，每一驳格可堆装四层驳船，甲板上堆装两层。为便于装载驳船，在甲板上沿两舷设置轨道，并有可沿轨道纵向移动的门式起重机，以便起吊驳船进出货舱。

“西比式”载驳船，又叫海蜂式载驳船，是一种双舷、双底、多层甲板船。甲板上沿纵向设有轨道，便于运送子驳，尾部设升降井和升降机，其起重量可达 2000 吨。驳船通过尾部升降机进出母船，而不是依靠门式起重机。当驳船被提升至甲板同一水平面后，用小车将驳船运到指定位置停放。

“巴卡特型”载驳船的船型特点是单首、双体、双尾，其尾部呈燕尾叉开形状，因此又叫双体载驳船。

载驳船是一种新型的货物运输方法，可以提高装卸效率，降低运输成本，适合于货源充足、稳定、装卸点多的港口，特别适合在江海联运的航线上活动。但是进行载驳运输要有专门的拖船和推船来拖带和顶推；载驳运输的组织、管理和驳船的集散，调度较为复杂，载驳船的性能需要进一步提高，设备还需要进一步完善，这使得载驳船的应用有一定的局限性。

### 驳 船

驳船，又称货驳，是一种没有动力装置，本身无自航能力，能够装载货物的船只，它是需拖船或顶推船拖带的货船，其特点为设备简单、吃水浅、载货量大。驳船可航行于狭窄水道和浅水航道，并可根据货物运输要求而随时编组，适合内河各港口之间的货物运输。少数增设了推进装置的驳船称为机动驳船。机动驳船具有一定的自航能力，它可以将大船货物卸在驳船上，运往客户所在的港口。

# 海洋维权的“功臣”

根据2017年5月26日中国商务部发布的公告：对耙吸式挖泥船、绞吸式挖泥船、斗式挖泥船、吸沙船、自航自卸式泥驳等大型工程船舶实施出口管制。

挖泥船是用来挖泥的，用得着出口限制吗？

## 挖泥船的种类和原理

挖泥船是进行清挖水道与河川淤泥的工程船舶，用来挖深、加宽和清理现有的航道和港口。当然，挖泥船也可用来开挖新的航道、港口和运河，还可疏浚码头、船坞、船闸及其他水工建筑物的基槽，以及将挖出的泥沙抛入深海或吹填于陆上洼地造田。

挖泥船的种类很多，按能否机动可分为机动和非机动两种。

机动挖泥船是有自航能力，它在通行较大船舶的航道上施工，用粗大的软管（排泥管）抽吸淤泥。挖泥船把泥沙存在舱中，装满后开往外海倒掉。

非机动挖泥船，本身没有航行能力，它每换一个工作地方，都要靠拖船带动。从水底挖出的泥沙倾入驳船里被拖走。

从挖泥方式上，可以分为机械挖泥和吸扬挖泥两大类。

机械挖泥是用形式不同的泥斗挖泥，有抓斗式、铲斗式、链斗式和斗轮式等。

抓斗式挖泥船，船体呈箱型，宽度较大，以便抓斗侧转抛泥时船体不会有过大的倾斜。抓斗有多种形式，为了适应不同的土质，抓斗的容积可从不足 1 立方米到超过 20 立方米。抓斗式挖泥船是进行海底作业的利器。

铲斗式挖泥船，它用吊杆和斗柄将铲斗伸至水底挖泥，其铲斗容积在 0.5~22 立方米之间，最大挖深可达 15~18 米。铲斗式挖泥船用于挖掘较硬的泥沙，它可以把全部力量集中在一个铲斗上，进行特硬挖掘。

链斗式挖泥船，它是在抓斗式挖泥船和铲斗式挖泥船基础上制造出来的，用环形链条将几十个挖泥斗串连起来。链斗式挖泥船工作效率高，其环形链条装在斗桥上，利用一连串带有挖斗的斗链，借助导轮的带动，在斗桥上连续转动，使泥斗在水下挖泥并提升至水面以

上，同时收放前后左右所抛的锚缆，使船体前移或左右摆动来进行挖泥工作。

斗轮式挖泥船，它的工作原理基本上与链斗式挖泥船相近，但两者在结构上却大不相同。斗轮式挖泥船的泥斗安装在一个巨大的旋转轮子上，轮子则装在臂柄的前端，由臂柄送到水下挖泥。

从吸扬挖泥方式上，可以分为耙吸式挖泥船和绞吸式挖泥船两大类。

吸扬式挖泥船采用铰刀将水底泥沙绞松，或用耙头将泥沙刮起，再用泥泵将泥浆吸起排走。后来又出现了一种新的边抛式挖泥船，它是从耙吸式挖泥船的排泥管上引出一根置于悬臂中伸出舷外的排泥管，泥泵吸上来的泥沙不进入泥舱而直接用排泥管排放到下游水流中，由水流将泥沙带走，这样就减少了挖泥船的航程，提高了效率。

绞吸式挖泥船目前在疏滩工程中运用较广泛，也是一种效率

高、成本较低的挖泥船。

## 海洋维权的“功臣”

在过去很长一段时期，中国南海一直面临着领海岛礁与资源被周边国家非法侵占的困境。由于一些岛礁距离本土较远，导致中国对这些岛礁无法进行有效的控制，只能眼睁睁看着它们被他国强占。近年来，中国开始了一种有效的海上维权行动——填海造地。从 2013 年到 2017 年初，中国在南海开展了填海造地行动，目前已告一段落，各岛建筑工程已陆续完工，美济礁、渚碧礁、永暑礁三个机场也已建成。

位于南沙群岛永暑礁的西南礁盘所建人工岛是吹沙填海造出来的，建设人工岛工程中挖泥船立下了汗马功劳，它们是海洋维权的“功臣”。

让我们来见识一下中国挖泥船“天鲸号”。

“天鲸号”是一艘自航绞吸式挖泥船，是中国吹沙填海的利器，总长127.5米，型宽22米，吃水6米，设计航速12节，最大挖深30米，最大排泥距离6000米，技术性能指标及铰刀挖泥能力排亚洲第一，是目前世界上最大的三艘自航绞吸挖泥船之一。它的排泥管能把泥水吹送到6000米之外，它装备了当前世界上最先进的挖泥设备及挖泥自动控制系统，不仅可以疏浚黏土、密实沙、碎石，还可以开挖中等硬度岩石，如花岗岩等。

“天鲸号”绞吸式挖泥船适用于各种海况的大型疏浚工程。它能在八级风浪条件下作业，并且能够在坚硬土质定桩，定位精确牢靠，其电气设备与自动控制系统均具备目前世界先进水平，并且实现了自动挖泥与监控。

近些年来，一些周边国家在南海岛礁上进行扩建活动，在所占岛礁上不仅加强基础设施建设，而且还修建了许多军事设施。

填海造岛工程量大，技术要求高，一些国家期望能够得到中国的造岛“利器”——挖泥船，以提高其填海造岛的速度与力度。中国对大型工程船舶实施出口管制，就是不许他们利用中国之造岛“利器”达到侵占中国岛屿的目的。

智博士

### “天鲸号”挖泥船是怎样挖泥的

“天鲸号”是一艘中国制造的自航绞吸式挖泥船。它采用钢桩定位、横挖施工法进行疏浚吹填施工，具体方法是以一根落在挖槽中心线上的主定位桩作为船体旋转中心，依靠横移的作用，绞刀在挖槽宽度内作左右横向往返摆动，使绞刀分层切削开挖断面土层。然后，通过泥浆泵吸入排泥管，经排泥管线，把泥水混合物输送到指定的吹填区。

# 极地科考队的“坐骑”

2013 年 12 月 22 日，“雪龙号”考察船在南纬 65 度左右，紧贴着浮冰区外围边界一直向东航行，开始中国极地科考史上首次环南极大陆航行的征程。

浮冰挡道，“雪龙号”只能以三四节左右的航速艰难地在厚重的浮冰区内航行。巨大的船体压着大块浮冰，不时发出沉闷的破冰声。这沉闷的破冰声，宣告了中国已经跻入了世界极地科考队伍。中国极地科考队乘着极地考察船“雪龙号”前往南北极进行科学考察活动，极地考察船是极地科考队的“坐骑”。

## 中国极地考察船发展历程

南北极终年冰雪皑皑，人迹罕至。那里蕴藏着无穷的科学奥秘。我国从 20 世纪 80 年代开始，组织极地科考队开始极地考察活动。

1984 年 11 月，我国派出首个南极科考队，搭乘“向阳红 10 号”远洋科考船和“海军 J121”打捞救生艇首赴南极，进行极地考察活动，并在南极建立中国首个南极科考站——长城站。

由于“向阳红 10 号”不具备冰区航行能力，在完成首次南极考察任务过程中，受到南极地区恶劣气候的影响，船体在剧烈颠簸中受损严重，无法继续进行南极科学考察活动。这样，“向阳红 10 号”作为我国第一代极地考察船只能遗憾地退出极地科考舞台。

为了改变南极考察无船可用的局面，1985 年，国家有关部门从芬兰购买了具有抗冰能力的“雷亚号”杂货船。上海沪东造船厂对这艘杂货船进行了改装。1986 年 9 月，改装完成的杂货船更名为“极地号”。这样，“极地号”成为我国第二代极地考察船而登上极地科考舞台。1986 年 10 月，“极地号”从山东青岛起航首赴南极，圆满完成了长城站的扩建任务，还在南极海域进行

了海洋调查和科学考察活动。

随着我国第二个南极考察站——中山站的建成，面对南极高纬度的严重冰情，“极地号”终因抗冰能力和船龄的限制退出了中国极地考察船的序列。从首航南极到1994年退役，“极地号”共完成了6次南极科考航次，结束了它的历史使命。

1993年，国家有关部门从乌克兰购进一艘破冰能力强的破冰船。乌克兰船厂按中国要求进行了改造，使其成为一艘极地考察船，这就是“雪龙号”，它是我国目前唯一专门从事极地科学考察的极地考察船。它能以0.5节航速连续冲破1.2米厚的冰层，技术性能在当时属国际领先水平。

从1994年开始，“雪龙号”代替“极地号”服役，完成南极科考、北极科考任务，成为极地科考队后勤补给、人员运输、科考作业的重要平台。

在南极科考活动中，还出现过数艘海洋科考船的身影。“海洋四号”在南极海域开展海洋地质与地球物理综合调查，完成了沉积物、微生物和地质考察的任务。“海洋六号”集地震、地质调查等多项调查功能于一体，它既可以开展地质调查，也可以从事石油天然气资源的调查。这两艘海洋科考船也曾赴南极半岛海域进行科考活动。

## 为什么说“雪龙号”是科考队的“坐骑”

“雪龙号”极地考察船上装备多种科学考察仪器，布置多个科学考察实验室。在水文资料采集室中，安装了可以用来探寻极区水生动物的鱼探仪。船上装备可在航行时测定海水流速、方向的海流计，以及用于测量海水温度、盐度、深度的一大批先进的仪器设备。考察船上还配备了1架“雪鹰号”直升机、1艘黄河艇以及1只中山驳船，大大提高了极地考察船的航行保障和运输能力。

2011年10月29日，中国第28次南极考察队乘“雪龙号”于上海港启航奔赴南极。此次考察经历了西风带的惊涛骇浪和浮冰区的艰难航行，历时5个多月，总航程超过2.8万海里。

南极考察队的科研人员在昆仑站期间完成了钻取深冰芯顶部120米的作业计划，完成了深冰芯钻探导向管的安装。科考队员还在这个南极站安装并调试了中国自主研发的“南极巡天望远镜”，首次在南极半岛海域进行大规模的大洋考察，成功完成了南极半岛67个站位的调查，收集了约1.1万个样品和基本数据。

2012年7月2日，中国第五批北极科学考察队从青岛出发，科学考察队也是乘坐这艘“雪龙号”前往北极进行科考任务的，历时3个月，总航程3万千米，这是中国北极科考历史上，历时最长、航程最远、考察内容最丰富的航次。走的是东北航道。“雪龙号”从太平洋进入北冰洋，尝试沿着东北航道进入大西

洋，这也是中国考察船之前没有走过的航线。这次北极科考的目标不仅包括地质、地球构造、地球生物循环、生态系统等北极环境考察的专项，还包括随着全球变暖，北极海冰退缩以后，北方航道的调查项目。

2012年8月10日，“雪龙号”结束首航北极东北航道任务，科考队开始在挪威海展开大气、水文、地质、地球物理、海洋大气化学、海洋生物生态等项目的考察，并在挪威海盆成功布放了中国首套极地大型浮标系统，这也是中国首次在北冰洋、大西洋扇区展开多学科综合考察。

2013年，“雪龙号”进行了恢复性维修改造工程，改造后的“雪龙号”提升了冰区航行作业的安全系数，提高了适航性、可靠性和环保水平，延长了使用年限。

## “雪龙号”成功突围

“雪龙号”是目前中国进行极区科学考察的唯一的一艘功能齐全的极地考察船。自1994年10月首次执行南极科考和物资补给运输开始，“雪龙号”已先后11次赴南极，至2012年已5次赴北极执行科学考察与补给运输任务，足迹遍布五大洋，创下了中国航海史上的多项新纪录。

2013年12月24日，俄罗斯“绍卡利斯基院士号”于南极被困，“雪龙号”与澳大利亚“南极光号”、法国“星盘号”前往营救。12月29日，“雪龙号”驶至附近因冰层太厚无法靠近，无法救出被困人员，只能等待救援。

2014年1月2日，中国“雪龙号”成功地营救出“绍卡利斯基院士号”上52名被困南极的乘客。1月3日，“雪龙号”在撤离密集浮冰区时，被南极的浮冰“冻”住了，导致作为中国科考队坐骑的“雪龙号”及船上 101 名人员被困。

1 月 6 日晚，“雪龙号”所在的这片海域刮起了西风，风力逐渐加大。西风吹动“雪龙号”周围的浮冰，整体快速东移，但浮冰之间连成一个整体，还没有观察到松散、开裂的迹象。“雪龙号”还被“冻”在浮冰中，“雪龙号”上成立了由国家海洋局领导的脱困应急小组，群策群力，商量脱困对策。

1 月 7 日整整一天，“雪龙号”都是在密集浮冰区狭小的航道里极其艰难地“转身”。从这一天早上 5 时左右开始，“雪龙号”一直往右前掉转船头。由于浮冰太厚，冰上积雪很多，行进十分艰难。“雪龙号”像啃骨头似的，一块一块地“咬”上去，一个角一个角地压碎坚冰，顽强地扩大着自己的活动空间。17 时 50 分左右，“雪龙号”船头刚刚掉转到约 100 度，在一个有力的破冰力量冲击下，横亘在前方的一块大浮冰突然裂开，让出一

条水道。“雪龙号”迅速穿过这条水道，成功破冰突围。“雪龙号”终于在南冰洋的清水区继续航行，海面只有零星浮冰，“雪龙号”以 9 节的航速轻松地航行在海面，继续踏上环南极洲的科学考察征程。

被困在南极浮冰区的俄罗斯客船“绍卡利斯基院士号”在 1 月 7 日，当风向转为西风，浮冰出现缝隙，也自行从密集浮冰中成功突围。“绍卡利斯基院士号”以 7 节航速缓慢地方向北行驶。一场为世界媒体广为关注的南极浮冰“冻”船事件画上圆满句号。

更让人高兴的是，我国第一艘自主建造的极地科学考察破冰船——“雪龙 2 号”已经建成下水。该船融合了国际新一代极地考察船的技术、功能需求和绿色环保理念，采用了许多国际先进的技术设计，装备了国际先进的海洋调查和观测设备。

智博士

### “雪龙号”极地考察船

“雪龙号”是中国最大的极地考察船，是乌克兰一家船厂按中国要求改造成的极地考察船。该船总长 167 米，型宽 22.6 米，型深 13.5 米，满载吃水 9 米，满载排水量 21025 吨，最大航速 17.9 节，续航力 12000 海里。船上设有大气、水文、生物、计算机数据处理中心、气象分析预报中心和海洋物理、化学、生物、地质、气象等一系列科学考察实验室，拥有先进的导航、定位、自动驾驶系统，配备有先进的通信系统及能容纳两架直升机的平台、机库和配套设备。它是中国进行极区科学考察唯一的一艘功能齐全的破冰船，可航行于世界任何海区。

“雪龙 2 号”是全球第一艘符合国际最新规则的极地科考船。它的安全性高，具有很强的防寒能力；同时，它的破冰能力强，能在 1.5 米厚度冰、0.2 米厚度雪的海况下，以 2~3 节的航速连续破冰行驶。而且，它采用双向破冰设计。在遇到很难“拱”的冰脊时，船体可以转动 180 度，让船尾变成船头，尾部的螺旋桨能在海面下削冰，把 10 多米高的冰脊“掏空”，从而突出重围。此外，它还是一艘智能化极地科考船，拥有智能机舱，便于飞机在甲板上起降；能通过传感器等设备进行船体全寿命监测，如与冰面刮擦后，能自动预警。

“雪龙 2 号”也将成为我国开展极地海洋环境与资源研究的重要基础平台。

# 水下的“海燕”

《海燕》是高尔基的名作，文中描述海燕：“在苍茫的大海上，狂风卷集着乌云……像黑色的闪电，在高傲地飞翔……一会儿翅膀碰着波浪，一会儿箭一般地直冲向乌云。”高尔基歌颂的是在海面上空飞翔的海燕。

海洋里也有“海燕”在飞翔，这就是“海燕”水下滑翔机，是中国科技人员研制的无人水下航行器。

## “海燕”水下滑翔机

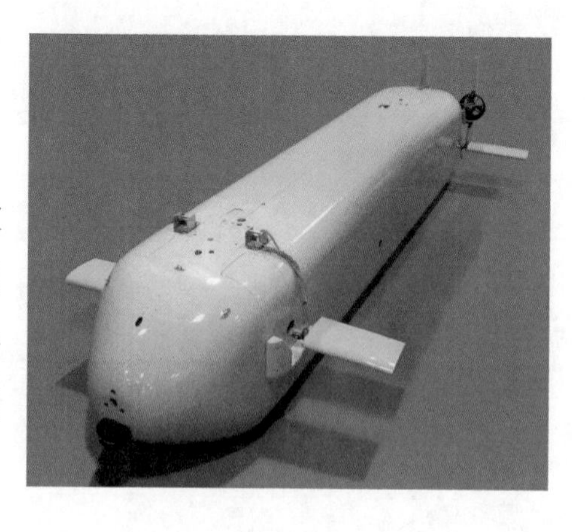

2017年1月10日，天津大学公布了该校4项获2016年国家科技奖的成果，其中突破国外技术封锁自主创新的水下滑翔机——“海燕”尤其令人瞩目。

所谓“水下滑翔机”，实际上是指在水下活动的无人水下航行器。它集能耗小、成本低、航程大、运动可控、部署便捷等优点于一身，具备独立全天候在水下工作的能力，它可以在海洋科学、海洋军事等领域发挥重要作用。

美国为实施它的全球战略，大力发展无人水下航行器，利用它到传统海上力量无法到达的海域收集情报，开展非战斗性海军活动，如搜集气象和海洋数据、监测水的盐度和温度以绘制水文地图等。美国海军已装备了数百艘执行各种任务的无人水下航行器。它们可以作为潜艇的“助手”实施水下作战。尤其是体积大、吨位大的潜艇，根本无法在近海浅水海域活动和作战，即使是在水深100米以上的近海活动，也很容易被对方反潜兵力发现和攻击。为此，美国海军大力发展无人水下航行器。

美国作为世界海洋强国十分重视“水下滑翔机”的发展，并把“水下滑翔机”的研究成果应用到军事装备设计中。

中国要成为一个海洋强国，发展无人水下航行器是必然的事。中国有不少科研单位在从事无人水下航行器的研制，天津大学的“海燕”水下滑翔机是其中的佼佼者。

“海燕”水下滑翔机是天津大学科研团队历经十余年研究和技术攻关，研制成功的混合驱动水下航行器。这款“海燕”水下滑翔机，采用最新的混合推进技术，可不间断工作30天左右。相比于传统无人潜水器，“海燕”可谓身轻体瘦，它形似一枚鱼雷，身长1.8米，直径0.3米，重约70千克。它融合了浮力驱动与螺旋桨推进技术，不但能转弯、水平运动，而且具备传统滑翔机滑翔的能力。

“海燕”水下滑翔机在南海测试中连续运行时间超过21天，期间经受了浪高约4米的恶劣海况考验，连续航程累计超过600千米。它在南海北部水深大于1500米海域通过测试，创造了中国水下滑翔机无故障航程最远、时间最长、工作深度最大等诸多纪录。

这款“海燕”水下滑翔机的设计最大深度是1500米，最大航程是1000千米，目前已具备水下滑翔机产品定型与批量生产条件，可适应不同用户的需求。在未来应用中，这款水下滑翔机很可能凭借灵活小巧的身姿，较长时间地跟随海洋动物，与鲸共舞，获取数据。将来这款水下滑翔机可凭借自身负载能力，并通过扩展搭载声学、光学等专业仪器，成为海底的“变形金刚”，在海洋观测和探测领域大显身手。

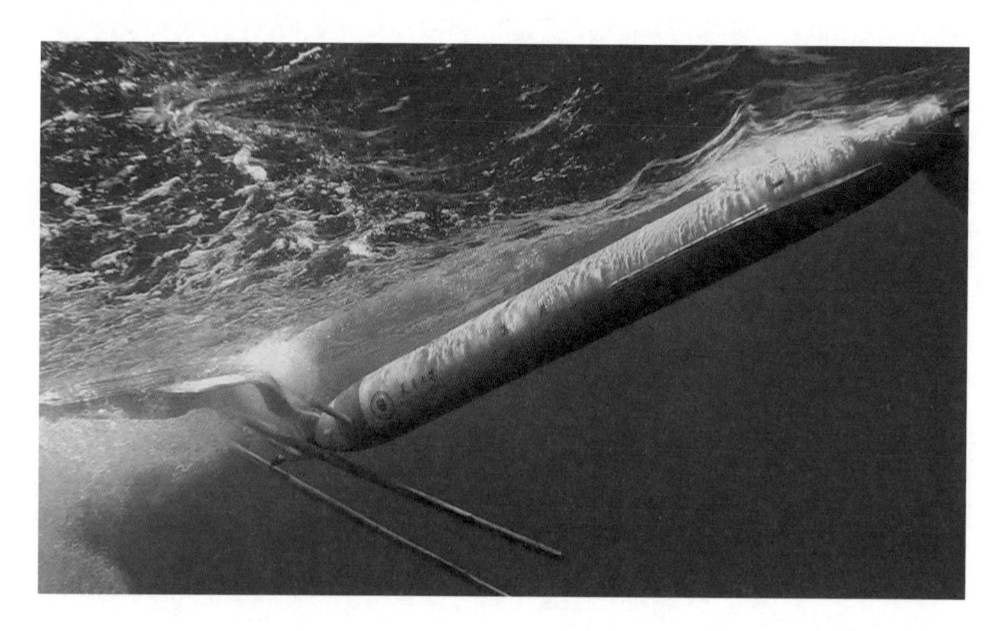

## 水下飞行器

英国科学家霍克思曾提出一种新设想：建造一种水下飞行器作为深海中的交通工具。

霍克思之所以提出建造深海飞行器的设想，是因为目前的深潜器、深潜艇潜水速度有限，每分钟仅15~30米，乘坐深潜器到达万米的深海要耗时6~12小时，而深潜器上携带的氧气有限，潜水速度慢，大大限制了在深海中的活动。为此他设想建造一种潜水速度快的深海飞行器。

霍克思经过5年努力，研制成一种水下飞行器——“超级飞行员”，它是一艘形似飞机的深潜器，它的前部高高突起，两侧有短小的机翼。它既可滚动前进，也可垂直升降，以每分钟350米的速度在水中各个方向“飞行”。

这艘水下飞行器在飞行时，它的机翼与海水相对运动，产生水动力。机翼产生的是负升力，使深海飞行器迅速向下潜行。在它的机翼后缘，也有一对襟翼，与空中飞机的襟翼相似，当襟翼展开产生的升力，使水下飞行器上浮。所以，它可以快速地下潜和上浮，到达海底的任何角落。

一次，“超级飞行员”正在巴哈马群岛进行海上试验，具有经营意识的房地产公司老板刘易斯看到这是一款革命性潜水装置，可以作为微型观光潜艇使用。他加入了霍克斯的团队。随后，刘易斯组建了一个由冒险家和发明家组成的团队，并从霍克斯手中购买了“超级飞行员”的专利，创建了公司“潜水飞行员系统”（SAS），专门从事水下飞行器的开发。

据介绍，这个水下飞行器是水下探险领域的一次重大革命。

“超级飞行员”具有较强的机动能力，它是按照飞行原理建造的，具有推力、升力和拉力，能在水下飞行。另外，它还有机翼和操纵杆，可以像飞机一样倾斜飞行，随意转向。

有些海洋科学家寄希望于水下飞行器，期望它能成为海底世界的一种主要交通工具，带来一场水下交通工具的革命，使人类的足迹真正能够到达广阔的海洋底部。

智博士

### 无人水下航行器

无人水下航行器是一种利用无人水下航行器技术建造的潜航器，能够顺利地执行各种使命。无人水下航行器技术包括六项关键技术：长续航力推进/能源、水下通信、大地和相关导航、任务管理/控制、传感器、信号处理以及航行体设计。美国是发展无人水下航行器最多的国家，美国海军已装备了数百艘执行各种任务的无人水下航行器。

# “蛟龙”号的突破

2012 年 6 月 24 日 9 时 07 分，正在西太平洋的马里亚纳海沟潜行的中国载人潜水器“蛟龙号”潜航员，向正在太空中与“天宫一号”对接的“神舟九号” 航天员送上祝福：“祝愿景海鹏、刘旺、刘洋 3 位航天员与‘天宫一号’对接顺利！祝愿我国载人航天、载人深潜事业取得辉煌成就！”

6 月 24 日 17 时 41 分，顺利完成手控交会对接任务的“神舟九号”航天员，向创造了中国载人深潜的 3 位潜航员表示祝贺。景海鹏代表“神舟九号”飞行乘组说：“今天，在我们顺利完成手控交会对接任务的时候，喜闻‘蛟龙号’创造了中国载人深潜新纪录，向叶聪、刘开周、杨波 3 位潜航员致以崇高的敬意，祝愿中国载人深潜事业取得新的更大成就！祝愿我们的祖国繁荣昌盛！”

一天之内，中国同时诞生了载人航天和载人深潜的新纪录。“蛟龙号”深潜突破 7000 米这个标志，不是一蹴而成的，是经历千辛万苦，顽强拼搏得来的，这个成果来之不易！

## “曲斯特号”创造的深潜纪录

自古人们就想潜入大海，探索深海的秘密。但是，古代人缺乏有关的海洋知识，也没有潜入深海的工具，无法潜入深海。这样，古人只能寄希望于美丽的神话中，幻想有“蛟龙” 能潜入深海活动。

科学技术的发展，使得人们能够进入海洋，潜入海底，进行海洋调查、海底探险考察活动。真正意义上的深潜活动，直到1960 年 1 月才实现，首创深潜 11000 米世界纪录的是瑞士发明家皮卡德建造的“曲斯特号”深潜艇。“曲斯特号”是他建造的第 3 艘深潜艇，在亚得里亚海 3000 多米深水中进行深潜试验获得了成功。

1960 年 1 月 23 日，马里亚纳群岛外侧海面，海风呼啸，波浪滚滚，一场举世瞩目的深海探险活动开始了。上午 8 时 23 分，皮卡德与美国海洋学家沃尔什乘坐“曲斯特号”深潜艇徐徐地向着万米深渊的马里亚纳海沟沉降，舷窗外的海水由湛蓝成墨绿，渐而黯淡，最后漆黑一团，只有深海发光生物点缀着漆黑的海底。

4 小时后，“曲斯特号”深潜艇终于到达了地球上最深的海沟——

马里亚纳海沟。二位海洋探险家借助深潜艇上的光线，观赏到了世界最深海底的奇观。深海不知名的罕见鱼虾，依然若无其事地悠闲游动，迎接人类使者的到来。“曲斯特号”历经 8 个多小时的探险旅程，创造了深潜 11000 米的世界纪录。皮卡德和他的伙伴叩开了海洋中最后一扇“龙宫”的大门，在人类深潜探险活动中写下光辉的一页。

“曲斯特号”在马里亚纳海沟深潜的成功，证明了深潜艇能够经受住深海海水的压力，能在地球上最深的海底活动。1963 年 4 月，美国新型核潜艇“长尾鲨号”在波士顿以东的海面上，进行大深度的潜航试验时，因为海水系统破损，坠沉海底。美国海军为检验深潜艇的军事用途，让“曲斯特号”寻找“长尾鲨号”潜艇残骸。

“曲斯特号”深潜艇领受任务后，驶向“长尾鲨号”核潜艇出事海域，在茫茫的海洋里搜寻核潜艇的残骸。它先后进行了 8 次深潜搜索作业，终于在 2500 米深的地方，发现了核潜艇遗留下来的碎片，还打捞上来一块 1.42 米长的潜艇艇体碎钢板，上面还有“长尾鲨号”潜艇的编号“593”艇字样。

搜索“长尾鲨号”残骸的成功，证明深潜艇可进行深潜搜索和打捞。这对于海洋开发事业和海上军事活动具有重要意义，使得美国和其他一些国家加快了深潜器的研制步伐。

## “蛟龙号”的三大突破

在大航海新时代，人们要潜向海洋深处，不只是为了挑战极限，还是为了探秘、探宝。探索海洋深处的奥秘，到海底进行水下查勘，开发海洋资源。

为推动中国深海运载技术的发展，同时为了发展中国深海勘探、海底作业研发技术，2002 年，中国科技部将深海载人潜水器研制列为国家高技术研究发展计划（863 计划）重大专项，启动“蛟龙号”载人深潜器的自行设计、自主集成研制工作。

经过十余年的研制，“蛟龙号”载人深潜器试制成功，它具备深海探矿、海底高精度地形测量、可疑物探测与捕获、深海生物考察等功能。它是世界上同类型载人深潜器中的佼佼者，最大下潜深度可达 7000 米，可在占世界海洋面积 99.8% 的广阔海域使用。

如今，中国载人潜水器“蛟龙号”在载人深潜器技术中有下列三大突破：

一是可稳稳“定住”，它具备自动航行功能，驾驶员设定好

方向后，可以放心进行观察和科研。“蛟龙号”可以完成三种自动航行：自动定向航行，驾驶员设定方向后，“蛟龙号”可以自动航行，不用担心跑偏；自动定高航行，可以让潜水器与海底保持一定高度，可以让“蛟龙号”在复杂环境中轻而易举地航行，避免出现碰撞；自动定深功能，可以让“蛟龙号”保持与海面固定的距离。

二是悬停定位，一旦在海底发现目标，驾驶员可以让“蛟龙号”行驶到相应位置“定住”，与目标保持固定的距离，方便机械手进行操作。在海底洋流等导致“蛟龙号”摇摆不定，机械手运动带动整个潜水器晃动等内外干扰下，能够做到精确地“悬停”，令人称道。而国外同类深潜器还不具备类似的功能。

三是具有先进的水声通信和海底微貌探测能力。“蛟龙号”

潜入深海数千米，为与母船保持联系，采用声呐通信。这一技术的突破，意味着解决了水声通信的多项难题：水声传播速度的延迟性，声学传输速率低，声音在不均匀物体中的传播效果不理想等。“蛟龙号”可以在深度复杂环境中有效地进行水声通信和声探测，可以高速传输图像和语音，探测海底的小目标。

虽然，“蛟龙号”的下潜深度尚比不上“的里亚斯特”深潜器，但“的里亚斯特”深潜器属于探险型深潜器，空间狭小，且不具备深海作业能力，更不要说进行深海科研。这种探险型深潜器只是达到一个数字上的“记录”，除此之外别无任何意义。而中国“蛟龙号”深海探测器不是单纯追求深度数字，其主要任务是深海科研和作业。

## “蛟龙号”刷新“中国深度”

2010 年 5 月 31 日至 7 月 18 日，“蛟龙号”深海载人潜水器在我国南海进行了 3000 米级海上试验，最大下潜深度达到 3759 米。这标志着我国成为继美、法、俄、日之后第五个掌握 3500 米以上大深度载人深潜技术的国家。

2011 年 7 月 1 日至 8 月 18 日，“蛟龙号”在东北太平洋海域顺利完成了 5000 米级海试任务，这是中国载人深潜第一次真正意义上挑战深海极限的环境。5188 米的最大下潜深度，是中国人探索大洋奥秘的坚实一步。试验的成功标志着中国深海载人深潜技术已跨入国际第一梯队，步入国际先进行列。

2012 年 6 月 3 日，“蛟龙号”再次出征，向 7000 米发起冲击。虽然深度只增加了 2000 米，但面临的挑战与困难却是倍增的，因为这是人类首次载人深潜 7000 米级海试，没有任何经验可循。“蛟龙号”自6月3日出征以后，已经连续书写了多个“中国深度”新纪录：6月15日，6671米；6月19日，6965米；6月22日，6963米。

2012年6月24日9时许，中国载人潜水器“蛟龙号”在西太平洋的马里亚纳海沟试验海域的成功创造了载人深潜新的历史纪录，首次突破7000米，最深达到7020米海底。

“蛟龙号”在7020米深的海底作业了近3个小时，开展了照相、摄像、采集海底水样、布防“蛟龙号”载人深潜标志物等深海试验。“蛟龙号”将中华民族的新深度镌刻在蓝色深海7000米，中国人在探寻深海大洋奥秘的征途上再次迈出坚实的一步。

6月27日11时47分，中国“蛟龙”再次刷新“中国深度”——下潜7062米。不到两周，5次下潜，5次书写纪录，探测深度不断延伸，深海梦想不断突破。6月30日9时56分，“蛟龙号”到达最大深度7035米，并坐底。随后，“蛟龙号”在完成海底两个小时的作业后开始上浮。6月30日14时33分，“蛟龙号”浮出水面，完成了中国“蛟龙号”7000米级海试的全部试验。

7000米是一个重要的标志，下潜至7000米，标志着我国具备了载人到达全球99％以上海洋深处进行作业的能力，标志着"蛟龙号"载人潜水器集成技术的成熟，标志着我国深海潜水器成为海洋科学考察的前沿阵地，标志着中国海底载人科学研究和资源勘探能力达到国际领先水平。

中国的深潜器和深潜技术研究比国外要晚了50年，但已经取得比较好的成绩。当然，今日"蛟龙号"只是进行深潜试验，技术还没完全成熟，中国的深潜器和深潜技术的研究仍然任重而道远！

智博士

### "蛟龙号"载人潜水器

"蛟龙号"载人潜水器是我国首次自行设计、自主研制并独立完成海上试验的大深度载人潜水装备，长8.2米、宽3.0米、高3.4米；空重不超过22吨，最大荷载是240千克；最大速度为每小时25海里，巡航每小时1海里；"蛟龙号"当前最大下潜深度7062.68米；最大工作设计深度为7000米，理论上它的工作范围可覆盖全球99.8%海洋区域。"蛟龙号"载人潜水器从立项到突破7000米深度，正好10年。10年间，我国载人深潜技术从数百米跨到7000米，这是几代中国载人深潜科研人员和深海试航员辛勤劳动的果实，凝聚着他们的智慧和奉献精神。

# 飞上蓝天的“蛟龙”

2017 年 12 月 24 日，中国自主研制、全世界最大的水上飞机“蛟龙 -600”在珠海首飞成功！“蛟龙 -600”大型水上飞机飞上蓝天，不仅摘下了世界最大水陆两栖飞机的桂冠，还使人们对逐渐没落的水上飞机研制燃起了希望！

水上飞机不是新生事物，一百多年前它就诞生了！水上飞机和陆上飞机的研发几乎是同时起步的，陆上飞机飞上蓝天不久，水陆两栖飞机也飞上了蓝天。只是到了近代，它落伍了，在海洋上很少见到它的身影。

水上飞机会东山再起吗？海洋还会是水上飞机活动的舞台吗？

## 水上飞机的身世

飞机发明不久，有人就想发明水上飞机。1910 年初，法国的法布尔研制出一架水上飞机，取名“水机”。该机总重量为 475 千克，装有一台 50 马力的内燃发动机。其翼展为 14 米，机长为 8.5 米，最大的特点就是在机头和左右翼的下部装有 3 个浮筒。利用浮筒的浮力令飞机漂浮在海面上。

1910 年 3 月 28 日，马赛附近海面风平浪静，法布尔驾驶自己研制的“水机”在水面上滑行，随着速度的不断加快，水面上泛起一条洁白的航迹。突然，航迹消失了，“水机”的水动力和空气动力，使它飞离水面，冲向蓝天，成功起飞。

法布尔抑制着内心的喜悦，他关掉了发动机，操纵“水机”，开始在海面降落。“水机”冲击海面激起了巨大的浪花，机上 3 个用有弹性的层板制成的浮筒起了较好的缓冲作用。它在海面上颠了几下便稳定了下来，水面降落也成功了。法布尔没有休息，连续飞了几个起落，都十分顺利。有一次在水面滑行时，法布尔还稍稍转了个弯，非常成功。

水陆两栖飞机就这样出现了！

法布尔的“水机”飞上蓝天，激励了美国飞机设计师寇蒂斯，他把浮筒改成船形，使“水机”的起降更加安全，操纵更加方便，从而使水上飞机得到了进一步的完善，被美国及欧洲各国普遍接受。

1911年，美国军方向寇蒂斯订购了第一架水上飞机。他把机轮也安装到了水上飞机上，使水上飞机可以水陆两用。1919年5月，寇蒂斯设计、制造的水上飞机创造了分阶段飞渡大西洋的纪录。这是人类航空史上的新篇章，水上飞机逐步走向成熟。

## 水上飞机的应用

水上飞机的主要优点是可在水域辽阔的河、湖、江、海的水面上使用，它具有安全性好、地面辅助设施较经济、飞机吨位不受限制等优点，其缺点是受船体形状限制，不适于高速飞行，机身结构重量大，抗浪性要求高，维修不便和制造成本高。

20世纪30年代，水上飞机发展迅速，开辟了横越大西洋和太平洋的定期客运航班。并且广泛用于海上军事活动。

第一次世界大战中，水上飞机被搭载于大型水面舰艇上，担任侦察与协助舰炮射击，同时也担任反潜、护航、沿海巡逻与轰炸等战斗任务。

第二次世界大战中，水上飞机的发展和使用达到了顶峰，交战双方的作战部队都装备有各种军用水上飞机，它们担负巡逻、护航、侦查、反潜、轰炸，还担任对海上目标实施鱼雷攻击，或者利用水上飞机进行空战的任务。日本设计、制造了可以搭载于大型潜艇上的水上飞机，准备对巴拿马运河进行轰炸，阻断美国海军增援太平洋战区。只是还没有得到应用，战争就结束了。

在第二次世界大战时期，随着陆上机场的数量大幅增加，飞机的性能与可靠性也显著提升，同时出现了空中加油技术，水上飞机的军事应用开始受到影响。同样，水上飞机民用方面，随着民航事业的发展，高速民航客机的出现，水上飞机在交通运输中的应用受到影响，这样，它就从交通运输转变到救护与消防等用途，尤其是利用水上飞机可以在水面降落的同时，吸取大量的淡水进行森林火灾的扑灭或压制。

这样，水上飞机逐渐退出军事应用，仅有少数国家继续采用担任救护或者是反潜等任务。在民用方面。水上飞机也退出了客运市场，转向救护、消防、运输等。

## 从“水轰 -5”到“蛟龙 -600”

中国水上飞机研制起步于 20 世纪 50 年代，中国从苏联进口了一些水上反潜机，这些水上飞机在 20 世纪 60 年代末期退役。为了填补装备缺口，中国从 1968 年开始研制自己的水上飞机。

“水轰 -5”是中国自行研制的一款水上反潜轰炸机，用于中近海域海上侦察、巡逻警戒、搜索反潜等任务，也可监视和攻

击水面舰艇。该水上飞机采用了船底龙骨和水密隔舱等结构设计，全机分为 10 个水密舱，相邻的 2 舱进水仍然不沉，可以保证飞机的安全性。“水轰 -5”是世界上最大的水上飞机之一，具有大航程、超低空、全天候、大载荷等特点。它可以携带自导鱼雷、反舰导弹、航空炸弹、深水炸弹等反潜武器。

“水轰 -5”原型机于 1976 年首飞成功，并有水轰 -5 基本型、水轰 -5A、水轰 -5B 三种型号。

“蛟龙 -600”是“水轰 -5”的后继型号，它是“水轰 -5”水上飞机进一步发展的结果，在技术上有了很大的提高，体积庞大，机上装备有 4 台涡轮螺旋桨发动机，它的最大起飞重量增加到 53.5 吨，成为世界上最大的水陆两用飞机，最大航程可达 5500 千米。

与“水轰 -5”不同的是，“蛟龙 -600”水上飞机不再携带武器，不再执行搜索反潜等军事任务，而是执行森林灭火、水上救援等任务。根据需要改装后，“蛟龙 -600”可满足执行海洋环境监测、资源探测、岛礁补给、海上缉私与安全保障、海上执法与维权等多种任务。

我国拥有漫长的海岸线，“蛟龙 -600”这种大型水上飞机可以大显身手，大有用武之地。

水上飞机的种类

水上飞机简称“水机”，指利用水面，包括海洋、湖泊与河川起飞、降落与停靠的现代飞行机器。水上飞机分为船身式和浮筒式两种。前者是按水面滑行要求设计的飞机，机身呈特殊形状；后者是把陆上飞机的起落架换成浮筒。

# 气垫登陆艇闪亮登场

早春二月的一天，在南海的一处海军演练场，中国海军登陆战演习已经开始。中国海军出动的新型两栖船坞登陆舰正在靠近南海一个岛屿的海岸，新型两栖船坞登陆舰上的官兵们迅速地奔赴各自的战位，各守其职。

全副武装的海军陆战队特战队员爬进舰载直升机。舰载直升机的旋翼开始转动，离开了飞行甲板。搭载特战队员的舰载直升机紧急升空，向着“敌军”滩头飞去。

此时，一艘艘冲锋舟迅速驶出坞舱，驶向“敌军”滩头。它们按照战斗编组，成攻击波次，向岸滩发起冲击！一艘搭载

陆战队员的登陆艇，从两栖船坞登陆舰的舰舱里驶了出来，向着岸滩上行驶。

这是什么船，怎么能登上岸滩？

这是一艘气垫登陆艇，这艘参加登陆战演习的中国气垫登陆艇快速超越岸滩一线障碍物，登上了岸滩。气垫登陆艇在岸滩上停了下来，全副武装的陆战队员从气垫登陆艇的舰舱里出来，登上“敌军”滩头，实施登陆作战。

这次登陆战演习，登陆舰、直升机、海军陆战队、气垫登陆艇协同训练，气垫登陆艇出足了风头。

## 气垫船是谁发明的

“气垫船是谁发明的？”这问题问得好，让我们去见见气垫船的发明家。

20 世纪 50 年代，英国的一座造船工厂，一位造船工程师将两个直径不同的咖啡罐头筒套在一起，形成一个环形的喷口，用吹风机吹。

这是谁？他在干什么？

这是英国发明家科克雷尔，他在实验中发现气流流经环形喷口通道时，喷出的气流所产生的升力很大。由此他制造了第一个气垫船模型。1956 年的冬天，英国首都伦敦的一幢政府大楼里，科克雷尔为英国政府官员进行气垫船模型表演。

一个 1 米多长的椭圆形状气垫船模型停放在光滑的地板上，表演开始了，这个气垫船模型呼呼地喷烟吐雾，升离了地面。观看气垫船模型表演的人在热烈鼓掌。

气垫船模型的表演大获成功，英国政府决定拨款支持发明家科克雷尔，让他建造一艘载人气垫船。科克雷尔就在英国政府的支持下动手设计并建造世界上第一艘载人气垫船"SRN-1"。

1959年7月25日，世界上第一艘载人气垫船"SRN-1"发动机的轰鸣声伴随着浪涛声在英吉利海峡上空飘荡。科克雷尔坐进了驾驶室。

"SRN-1"气垫船出发了。顷刻间，水花飞溅，气雾弥漫，气垫船像一支脱弦的箭飞快地驶离加来港，消失在茫茫的烟波里。科克雷尔坐在驾驶室里，好像在腾云驾雾，他时而眺望前方，时而看看仪表。

两个小时后，科克雷尔驾驶自己设计、建造的世界上第一艘载人气垫船"SRN-1"飞渡英吉利海峡的试验顺利结束，在气垫船发展史上留下了光辉一页，科克雷尔获得"英国气垫船之父"的称号。

其实，那时中国科技人员也在研制气垫船。在科克雷尔之

智博士

### 第一艘载人气垫船

世界上第一艘载人气垫船是英国在1958年10月建造的，它的编号是"SRN-1"。这是一艘周边射流气垫船，船长9.15米，宽7.32米，船体呈椭圆形，总重3.85吨。由于它的船体能全部离开地面或水面，所以，它又被称为"全浮式气垫船"。在这艘气垫船上装有一台435马力发动机，由它带动风扇转动，产生气流。一部分气流用来形成气垫，支撑船体；另外一部分气流通过气道，向后喷出，用来推进气垫船，使它能在水面上高速行驶。

前，哈尔滨军事工程学院的一个科研团队已经研制出了气垫船，并在松花江成功地进行了载人气垫船试验。

## “欧洲野牛”来到了中国

“欧洲野牛”气垫登陆艇是苏联在20世纪80年代中期研制的大型气垫登陆艇。这次来中国的“欧洲野牛”是乌克兰为中国海军建造的。首艘“欧洲野牛”级大型气垫登陆艇在经过近一个月的海上航行后，抵达了广州港。

“欧洲野牛”级气垫登陆艇是一艘全垫升气垫船，四周装有柔性围裙，可以上陆，能在陆上飞行。“欧洲野牛”来到中国后，进行了海上航行试验，3台空气螺旋桨在飞快地转动，机器轰鸣，水花四溅。“欧洲野牛” 气垫登陆艇在海面上空高速行驶。

没多久，“欧洲野牛”气垫登陆艇登上南海一处海滩。船首的一扇大门打开了。一辆 T-80 中型坦克从船首的大门里驶了出来，又一辆中型坦克从船首的大门里驶了出来，登上海滩。

“欧洲野牛”气垫登陆艇可以在多种战场环境下使用。它能应对突发的两栖登陆作战或岛屿争夺战，便于我军在最短时间内掌握战场主动权。“欧洲野牛”的到来可以增强中国海军两栖作战能力，增强中国海军应对海洋形势变化的能力。

智博士

### “欧洲野牛”气垫登陆艇

“欧洲野牛”气垫登陆艇是苏联在 20 世纪 80 年代中期研制的大型气垫登陆艇，该型气垫登陆艇满载排水量 555 吨，舰长 57.4 米，最大航速 60 节，航程 300 海里，最大载荷 130 吨。该登陆艇上装配有 2 门六管 30 毫米火炮、8 套导弹发射系统、2 套 22 管 140 毫米非制导弹药发射装置、20-80 枚水雷。此外，还装备电子对抗设备。